史丹佛設計學院高效問

點子流

在持續破壞性創新時代，穩定勝出

傑瑞米・奧特利 Jeremy Utley
派瑞・克萊本 Perry Klebahn —— 著

許恬寧 —— 譯

IDEAFLOW
THE ONLY BUSINESS METRICS THAT MATTERS

派瑞

獻給安妮、帕克與菲比，

謝謝你們教會我，真誠的點子，就是最棒的點子。

———●———

傑瑞米

獻給蜜雪兒。

你對於靈感的追求，開啟了我的好奇心之門。

事實是,每出現一個好點子,就同時有一千個壞點子。
而且究竟哪個好、哪個不好,有時很難說。[1]

　　——馬克・藍道夫(Marc Randolph),Netflix共同創辦人

目錄

各界讚譽	8
推薦序　以可靠的方式，想出更多更好的點子	10
作者序　哪些人需要點子？	12
前　言　創新是一套可以學習的方法	15

第一部
有效的創新流程

第 1 章　翻轉心態	26
第 2 章　養成創意習慣	48
第 3 章　團體腦力激盪	74
第 4 章　打造創新管線	98
第 5 章　設計實驗測試點子	121
第 6 章　從實驗到實現	149

第二部
升級的實用技巧

第 7 章	挖掘多元觀點	176
第 8 章	顛覆既有觀點	206
第 9 章	激發好奇心	229
第 10 章	鼓勵創意碰撞	248
第 11 章	解開創意的結	263

結　語	與他人共同創新	278
致　謝		291
參考資料		294

各界讚譽

我們忐忑不安地追尋經過驗證的正確答案,因而分心,遠離真正該做的事:促成點子的流動,讓我們有機會解決眼前的問題。《點子流》提供實證有效的方法,幫助你擺脫自我束縛,把力氣用對地方。

——賽斯・高汀(Seth Godin)
《重點不是創意》(The Practice)作者

過去十年裡,傑瑞米和派瑞已成為我的首選創新大師!對於任何希望增強、擴大創新的組織管理者來說,這本書都是必讀之作。一旦你開始閱讀,請當心隨之而來的創意浪潮!

——馬克・霍普蘭梅齊(Mark Hoplamazian)
凱悅酒店集團執行長

這本書能改變遊戲規則,每個領導者都應該閱讀。

——卡爾・李伯特(Carl Liebert)
凱勒・威廉斯房地產公司(Keller Williams Realty)執行長

團隊的成功取決於點子的自由流動。讀完本書,你將了解如何激發別人和自己最好的一面。

——史考特・蓋洛威(Scott Galloway)
紐約大學史登商學院教授、《四騎士主宰的未來》(The Four)作者

奧特利與克萊本發揮他們著名的顧問專業和一流課程，分享行之有效的工具和行家技巧，讓這些革命性的點子得以傳給我們其他人。

──雷迪・克羅茲（Leidy Klotz）
維吉尼亞大學工程與建築學教授、《減法的力量》（*Subtract*）作者

啟迪人心、有趣、超級實用，這本書能指引道路，對於任何致力於打造創意團隊或組織的人來說，都是必讀之作。

──羅伯・蘇頓（Robert Sutton）
史丹佛大學教授、《摩擦計畫》（*The Friction Project*）合著者

終於有一本書帶來實用又可量化的具體建議，幫助你在公司打造前瞻的設計文化。翻開閱讀，你將改變工作方式，或許也會改變你的生活。

──比爾・柏內特（Bill Burnett）
《做自己的生命設計師》（*Designing Your Life*）合著者

奧特利和克萊本精準指出：每一個問題都是點子問題。因此，無論你面臨什麼挑戰，這本書都有解答！

──葛瑞格・麥基昂（Greg McKeown）
《努力，但不費力》（*Effortless*）作者

我不曾見過有誰刻意想要變得思想封閉、拒絕接收新點子，然而我們大多數人卻在無意間限制了自己的創造力。奧特利和克萊本提供了實用的訣竅，能幫助我們解鎖自己和他人的創新潛能。

──金・史考特（Kim Scott）
《徹底坦率》（*Radical Candor*）作者

各界推薦　9

推薦序

以可靠的方式，
想出更多更好的點子

不論現在是大企業的老闆，還是高中時期曾當過班長，來到d.school的新生最訝異的一件事，就是點子的品質實則取決於點子的數量。

許多人來史丹佛的目標是追求品質。他們進入別名d.school的哈索‧普拉特納設計學院（Hasso Plattner Institute of Design），希望學到如何想出改變世界的突破性點子。然而，我們從一開始就告訴學員，在前幾輪的發想，不必管好壞，只要努力想出大量的點子就好。先追求數量，別去管品質。發想點子與篩選點子這兩件事應該分開，這個概念可能會令人感到十分錯愕。

這些學生現在才知道的事情，是創造力世界一流的人早就明白的道理：在嘗試去做、看看會發生什麼事之前，你很難區分好點子與壞點子。要是少了可靠的流程，沒有來場真實世界的實驗，實在很難知道哪個新穎的解決方案值得推動，或是可以再怎麼改善。最可靠的做法是，盡量想出各種拼湊而成的解決方案，數量愈多愈好，接著在真實世界的人群中快速測試。

正如 d.school 的學生所學到的，這意味著創意必須轉化成實際的作為。我們不會教學生在原地打坐，等靈感來了再「衝去」行動。問題不會等你有心情處理時才發生。為了維持穩定的點子流，學生們學習如何以各種方法，找到出乎意料又多元的靈感來源，以產出源源不絕、可供測試的點子。這套讓點子取之不盡、用之不竭的做法，改變了 d.school 的學生。不論是在創意工作，或是在日常生活，這都是一項有用的技能。

若要傳授這門必備的學問，以及與卓越創意相應的習慣和做法，本書作者奧特利與克萊本正是絕佳人選。這兩位老師才華洋溢，積極協助領導者及其組織解決真實世界的問題。十多年來，兩人除了教導 d.school 的學生，本身也是厲害又多產的創意實踐家。他們知道創意如何運作，而且同樣重要的是，他們在本書中把創意解釋得很清楚。

奧特利與克萊本合力寫下這本不可或缺的指南，適用對象包括企業家、發明家、經理人、學生、領導者等，幫助你以可靠的方式，想出更多更好的點子。

大衛・M・凱利（David M. Kelley）

唐納・W・惠特爾機械工程教授

加州史丹佛大學

2022 年 2 月 2 日

―――― **作者序** ――――

哪些人需要點子？

我的公司、我的工作或我的人生,不需要突破性的成果。

——(從來)沒人講過這句話

各位可能心裡在想,這本書適合我看嗎?答案是肯定的。

我們在當老師和顧問的時候,見過許多創業家、高階主管和各行各業的領導者,偶爾會有人高傲地質疑,創意對他的工作有什麼價值,甚至質疑創意有何必要。

那些人會在我們的簡報或培訓課程上告訴我們:「今天來這裡的人,有些的確需要創意才能做好工作,例如負責設計畫圖的人。他們應該留到最後,聽完課。但我是領導者,身分不同,我需要的是突破性的成果。」

若要評估創意的真正價值,不只是對設計師、作家或工程師而言,而是將目光擴及希望達成世界級成就的每一個人,那就需要好好定義創意。我們所聽過最好的定義,來自美國俄亥俄州一名七年級的學生。他的老師近日與我們的朋友分享了這句話:

「創意是不要只做你想到的第一件事。」也就是說，在想出第一個「夠好」的點子後，有辦法繼續想出其他點子。

然而，什麼是點子（idea）？不先定義這個基本詞彙，我們便無法繼續往下談。

各位可以從這個角度思考：大腦從未真正完全憑空創造任何東西，它永遠在處理你的經驗帶來的原料。也因此所謂的點子，其實是原本就存在你腦中的兩件事的新關聯——那些你曾經看過、聽過或感受過的事。舉例來說，假設你原本就知道以下兩件事：

A. 舊金山的坡路很陡，年輕夫婦如果要推放滿東西的嬰兒車，會很狼狽。
B. 你小時候，父親有一台自動除草機。

叮咚！你感覺到一絲小火花了嗎？有點子了！自帶動力的嬰兒車或許不會是億萬事業，甚至可能不安全，但你已經有了些許拼圖片段，於是大腦會急著開始拼拼湊湊，因為那正是大腦最擅長做的事情。只要設定好問題的框架，再放進素材，大腦就會開始四處搜索連結——如果你給大腦機會的話。

讀完本書，在運用我們講解的原則和技巧之後，你將永遠不再害怕必須想出更多點子（或是質疑這件事的必要性）。此外，你再也不會疑惑點子從何而來，也不必苦惱該如何尋覓更好的點子；有點子時，也不會遲疑該怎麼做才好。各位會學到，要達成突破性的成果，並不是難以捉摸或神祕的事。大多數人是

偶然間得到具有創意的問題解決方法,但不論是個人、團隊或組織,這件事其實和其他技能一樣,是可以學習且精通的。

你無法有意識地選擇「我要有點子」。(試試看,你就知道了。)真正的情況是等你找出明確的問題、蒐集足夠的原料,讓大腦有東西可以處理,點子才會開始降臨。你也可以把自己想像成一條通道,盡量讓點子通過,愈多愈好。另外,再澄清一個誤解:突破性的成果,並非來自從某個清單上選出「正確」的點子,而是藉由實驗反覆嘗試、不斷篩選,直到明顯的贏家出爐。

就這麼簡單。不管什麼事,成功的竅門就是如此,而我們才講幾頁便說完了。當然,你目前可能覺得疑問多過答案,沒關係,請繼續讀下去。一旦徹底了解點子是什麼、從哪來,以及如何分辨輸家和贏家,你就不用再等待點子降臨的那一刻,而是可以變成點子製造機了。

―― 前言 ――

創新是一套可以學習的方法

聰明人滿街都是,但通常不見得有成就。
有創意和想像力才是重點。真正的創新者具備這些特質。[1]

―― 華特・艾薩克森(Walter Isaacson)

不論這本談創意和創新的書籍,是你翻閱的第一本還是第十五本,你想做的事其實都一樣:縮短「創意潛力」與「實際影響力」之間的距離。不管是你、你的團隊或組織,只要縮短這個距離,就能**啟動**創意潛能、**提升**創意表現,達成更多目標。

這裡談的不是微調,也不是逐步的改善。我們要的是確保點子穩定又可靠地奔流,帶來源源不絕的成功產品、服務以及其他解決方案,同時釋放自己和他人的潛力,享受突破性思考帶來的實質好處。

為了達成這個遠大的目標,拿起這本書是你想到的點子之中,特別好的一個。

你是否自認是有創意的人,都沒關係。事實上,我們不認為有「創意人士」這個特殊物種。世界上只有兩種人,一種是已

經培養完整創意技能的人,另一種則是還沒學會的人。創意不是少數人的天賦,而是可以透過學習獲得。如果你還沒學過,這只是知識、努力和時間的問題。我們是來協助「知識」這個部份,剩下的就靠你自己了。

有創意的組織也不是意外產生,而是特意打造出來的。Nike和蘋果都是由懂創意的人精心設計而成,奈特(Phil Knight)和賈伯斯(Steve Jobs)刻意打造出讓創意蓬勃發展所需的環境。這樣的領導者除了追求利潤和成長,也把創意需要的條件視為優先要務,因為他們明白後者能帶來前者。Nike和蘋果這樣的創新巨頭之所以鳳毛麟角,原因在於企業領導者很少具備創意相關的技能,這就是創意之所以成為最高領導特質的原因,它能讓你脫穎而出、無與倫比。

賈伯斯把自己對美學的敏銳度歸功於1970年代在里德學院(Reed College)上過書法課。[2] 我們認為,賈伯斯這段早期經歷所帶來的影響,甚至遠大於創造出第一代麥金塔作業系統的字體。賈伯斯在使用筆墨的過程中,還學到了創意實際上是如何運作的。他透過實作了解創意的流程,促成他在日後能以效率過人的方式激發他人的創意與創新。

領導者如果不懂創意的運作原理,就很難培養他人的創造力,更別說要在組織裡借重創意的力量。我們將在本書中看到許多這類盲點的實例。在大部份的例子中,扼殺創意發想的不是團隊中的個人,而是立意良善、但觀念不正確的領導者。這種領導者因為太執著於可行性和關聯性,會在第一秒就立刻壓制任何偏離現狀的事物。你能想像如果賈伯斯說:「你們能不能不要再討

論手機了？我們可是一家電腦公司啊！」那會怎樣呢？賈伯斯深知，在全心專注只做一件事之前，要先天馬行空、發揮想像力。

就連相信創意很重要的執行長，如果他們本人沒有以創意的方法做事，通常也無法維護、支持或刺激創意。儘管這類執行長對創意抱持友善的態度，但他們根本不知道創意需要的條件，或是不明白那些條件有多關鍵。為什麼會這樣呢？因為傳統的領導和管理訓練看重零錯誤的效率，而這正好與創意背道而馳。創意會需要試圖走走看不同的路，而走著走著，有可能發現是死巷。追求效率在其他方面很管用，卻剛好不適合用在創意領域。

唯有清楚了解創意的運作方式，才有辦法在工作中特別開闢創意的園地。一旦養成創意習慣，你就會對創意有更全面的理解。每當有學生來找史丹佛的傳奇人物麥金（Robert McKim），請他就某一個點子給予意見時，麥金總會這樣回答：「先給我看三個點子再說。」工程師出身的麥金明白創意的基本原理，也因此擅長激發他人的創意。

對自認沒創意的人來說，上面提到的都是非常好的消息。創意是可以學的，而且在學習的過程中，你還會懂得如何在別人發揮創意時，給予適當的支持。也就是說，你還能打造或帶領組織，做出世界級的創意與創新。不過，在到達那個境界之前，你得先忘掉這輩子聽過所有關於創意的神話。創意是一門解決問題的技藝。畫畫與寫詩固然需要創意，但企業購併也需要。在商業世界，創意就跟複式簿記一樣基本、實用。**創意能放大、加速你所有其他的努力。**

我們發現這樣想能幫助大家理解：如果你已經知道如何

解決一個問題,那它就根本不是問題了,至少不是我們認定的問題。一個你已經知道如何解決的問題,其實是一件任務(task),也就是付出時間和精力便能完成的事。要整理剛買回來、塞滿後車廂的食物,這件事本身不是問題;需要刷洗的浴缸也不是。「解決」這種問題的方法,是盡快有效率地做完。

唯有當平日的做法行不通,你才會被迫要想出新方法。當你碰上家裡停電,冰箱不冷,該怎麼辦?此時買回來的菜確實是個問題,而真正的問題只與一件事有關,那就是點子。從這個角度來看,**每一個問題都是關於點子的問題**。創意不只是想出「新的廣告標語」或「新產品」;創意是「我如何能做成這筆生意」或「這封電子郵件很重要,我該怎麼寫」。說穿了,創意能讓你的貢獻從錦上添花變成雪中送炭。

我們開發的創意系統受到全球的頂尖組織信賴。有了這套系統,你將清楚知道如何有效處理任何問題,將風險降至最低、把成功機率提升到最高。更棒的是,你將能夠把系統運用在各種規模大小的團隊,在你的團隊或組織建立完善的創新方法,讓每個人都能事半功倍。

我們的創意法與眾不同之處,在於持續聚焦於我們稱為「點子流」(ideaflow)的概念。下一章會進一步定義,簡單來說,重點就是**量會帶來質**。更多的輸出,等於更好的輸出。至於才華、天賦、運氣,與能否在真實世界中持續一貫地產生有品質的成果,並不如我們想像中的那麼相關。

長期而言,懂得方法將勝過苦等繆思女神降臨。

點子流是一種看待創意的概念,也是方法,其好處就在於

我們想出的點子愈多，在發想過程中的壓力就會大幅減少，還能增加成功率，把成本和風險降至絕對最低值。

不論你希望培養自身的創意能耐，或追求在《Fortune》五百大企業建立規模完整的創新實驗室，本書都能協助你永久解決「如何解決問題」這個問題。

邁入持續破壞式創新的年代

沒錯，這一切聽起來都很美好，但為什麼你該相信上述任何一句話？

我們是本書的作者傑瑞米．奧特利與派瑞．克萊本，平日在史丹佛大學的哈索．普拉特納設計學院教授創新、領導力與創業。這所通常簡稱為d.school的設計學院，是個再神奇不過的地方。我們兩人因d.school結緣，有幸持續向頂尖人物學習、合作，並結識全球數一數二的專業人士和教育家。從以前到現在，傑出的同仁和學生教會我們許多，讓我們得以寫下這本書。（在此感謝所有人。）

派瑞自1996年起在史丹佛大學教授產品設計，同時還管理他創辦的雪鞋公司。即使他後來在背包製造商Timbuk2與戶外品牌巴塔哥尼亞（Patagonia）擔任管理職，依然挪出時間教書，並於2006年請假，與人一同創辦d.school。

2010年，史丹佛大學請傑瑞米擴大d.school的高階管理教育課程，當時他剛完成在史丹佛大學的一個研究生獎學金計劃。這個機會讓傑瑞米興奮雀躍，但他注意到d.school的其他課程帶領

者,全是互補的二人組,他也希望能有搭檔。派瑞恰巧在那段時間剛卸下Timbuk2執行長一職,到史丹佛全職教書,兩人一拍即合。我們和世界級的設計教育人士和實務工作者組成了團隊,合力將d.school的高階管理教育課程打造成全美國第一。

我們除了與史丹佛大學的研究生合作,過去十年也向各行各業、產業規模各異的創業者、經理人和領導者,傳授如何帶動破壞式創新(disruptive innovation)。這裡所說的「破壞式」有著相當明確的定義:先破舊,才能立新。設計出一種更少燒壞的真空管,屬於常規式創新;設計出最終讓真空管過時的電晶體,則是破壞式創新。老實說,如果你不巧是真空管製造商的話,這種事還挺嚇人的。一旦你**真正**開始創新,就會開始覺得事業好像要被自己毀了,但危機就是轉機。

今日的所有企業,全都有如在世紀之交的底特律生產馬車。破壞威力大如電晶體的創新,已經不像以往那樣大約每隔十年出現一次。我們已經進入**持續破壞式創新的年代**。我們在史丹佛大學傳授的技能,不僅是在矽谷成功創業的關鍵,也是任何組織持續生存的關鍵。隨著科技飛速進展,企業必須以遠快於從前的速度適應與改變,步調只會不斷加速。

在史丹佛大學,我們把學生安排在真正的組織內,讓他們帶頭創新。這套課程帶來了源源不絕的洞見。同樣的,我們在教跨國企業的高階主管如何創新時,也為我們在探索教學法和學習風格方面,提供了無與倫比的實驗室。最後,我們還主持了「發射台」(LaunchPad)新創育成計劃,其校友已募得超過11億美元的創投基金。「發射台」同樣也帶給我們許多研究真實世界案

例的機會。今日市場上有65家活躍的「發射台」公司,但不論是成功或失敗的創業案例,我們都從中學到很多。這些不同的經歷全都證實了我們的基本看法:不論你是誰、身處什麼樣的情境,創意的運作方式幾乎都是一樣的。換句話說,不論你是白手起家、自行創業,抑或率領數百人的團隊,你和組織都能運用我們開發的最佳實務方法。

我們雙人組合之所以能成功,部份要歸功於搭檔初期一次偶然的機會。傳奇管理學教授蘇頓(Robert Sutton)邀請我們加入他在新加坡的企業顧問工作。我們當時行程滿檔,但天底下沒有人會拒絕蘇頓。總之,那次經驗讓我們發現自己很享受教授高階主管如何以更有效的方式,解決真實世界的創意問題。沒過多久,我們就跑遍全球,前往俄羅斯、台灣、紐西蘭、馬來西亞、以色列等地。

我們因此在各式各樣的組織,一次次努力推動創新,迄今已有十年之久。我們都非常感謝那次機緣。但儘管我們在史丹佛大學的課程很有趣,學習週期仍是有限的,我們能上場嘗試新事物的機會就只有那麼多。在教室裡,教授必須傳授固定的課程;而在企業環境中,教授則能採用更多靈活的方法。領導者明白每家公司的需求都是獨一無二的,所以不會期待我們嘗試的每件事都有完美的結果,這允許我們冒險嘗試。我們因此得以和客戶一起實驗,改變我們的教學方式,看看不同團隊在不同情境下,哪些是可行的。接下來,我們又把實務發現回饋給d.school的領航課程。(讀下去,你就會知道這樣的安排如何形成有效的創新實驗室。)我們從業界取得了最佳的素材。本書大部份的例子都取

自我們與學生、主管、領導者、創辦人一起在真實世界專案中合作的經歷。

在校園裡，我們的教學對象除了高階主管，還有嚮往成為律師、醫生、新聞工作者、資訊工程師的各領域學生。雖然他們未來的職業差異很大，但他們全都體會到本書提供的創意工具箱的價值。我們的課程絕非紙上談兵。如果我們的方法無法帶來突破性的成果，學生會跑去哈佛或普林斯頓大學，但我們的課程大爆滿；各大銀行、製造商與零售業者，不斷跑來敲我們的門；我們的線上課程也是史丹佛大學最熱門的課。我們提及這些並非為了吹噓，而是想證明創意絕不是虛無縹渺、純憑靈感的事。只要具備正確的技巧，任何人都能掌握創意，你也辦得到。

踏上省力又有效的創意之路

本書將逐章傳授你發想、測試與落實突破性點子所需的習慣和技巧。你可以跳著閱讀，但若能從頭讀到尾，依序遵循書中建議，效果最好。本書分為兩部。我們將在「有效的創新流程」的部份，解釋從發想到實驗的完整流程。第二部「升級的實用技巧」則會提供最有效的技巧，協助大家提升創意的成果。

不論各位在哪個產業工作、職務是什麼，本書都能讓你的創意和解決問題的方法脫胎換骨。更重要的是，本書將協助你組織、引導、強化和提升同儕、同事及下屬的努力成果。這套體系最終能增強整個組織的創新產出。創意從來都不是一個人的壯舉，即便你大多數時候是一個人工作亦然。我們最大的影響力永

遠出現在與他人合作的時刻。書中的系統有一個關鍵優點，就是協助我們發揮彼此最好的一面，把我們的獨特貢獻整合在一起，一起朝著更大的目標邁進。

「大家興奮的程度讓我嚇了一大跳，」某次上課時，凱悅集團（Hyatt）的人資長韋伯（Robert Webb）小聲告訴傑瑞米，「我已經想不起來，團隊上一次對手上的專案如此熱情，是什麼時候了。」多年後，我們聯絡韋伯，想確認他真的那麼說過。韋伯回想當年，做了進一步的補充：「你們的課程觸及我們所有人的需求。在日復一日的工作中，我們身為人的那一面，不知不覺被消磨掉。我們旗下飯店的一位總經理說，她想起當初愛上餐旅業的初心。那位總經理的話，讓我明白創意有多重要。」

一切都從你開始。不論你是協作者或領導者，光說不練是不行的。唯有改變自己的行為，才能帶給他人持久顯著的改變。在下一次公司全員大會上推薦這本書，不會帶來實質的重大轉變；發信給全公司，要求大家讀這本書，也只會是言者諄諄、聽者藐藐。（當然，你想做這兩件事我們都很歡迎！）

想推動改變，必須身體力行。多年來，我們觀察團隊和組織的不同層級邁向成功（與失敗）的改革，根據我們的經驗，你得下定決心，先開始親自實踐，再邀請同仁共襄盛舉。如果人們沒看到你真正下功夫投入創新，他們也不會投入必要的心力。

你必須當大家的榜樣，帶領大家改變。你必須證明你願意面對恐懼。沒錯，恐懼，因為阻擋進步的罪魁禍首就是恐懼。如果保證會成功，你在嘗試新事物時還會猶豫嗎？當然不會。然而，真實的人生永遠沒有這種好事。任何新產品或新服務，都有

可能不受顧客青睞;對流程做出任何改善,都有可能導致意外的後果。點子天生帶有風險,如果你不學會評估究竟是嘗試新事物的風險比較高,還是固守現況比較危險,那麼恐懼永遠會讓你裹足不前,讓你無法達到最高的成就。

什麼都不做,風險最高。情勢永遠在變化。如果你因為太害怕而遲遲沒跳上下一塊浮冰,你腳下的那塊冰遲早也會融化。如果在你眼中,創新需要耗費非常大的力氣、風險很高、最終也不會有什麼好結果,那麼你當然永遠只會選擇平庸。然而,本書將向你展示全球最成功的企業家和組織已經明白的事情:有效、創新的問題解決法,可以**少花**力氣、**降低**風險,還能**事半功倍**。

如果你不相信我們說的話,可以對照全球最創新的企業清單,以及全球最賺錢的企業清單。除了化石燃料公司(這類企業也能用上與他們有關的破壞式創新),你會發現兩份清單基本上是重合的。這可不是巧合。

關於創意如何運作、點子會帶來什麼風險,或是新方法有何價值,你需要拋棄成見。我們今日面對的挑戰需要前所未有的創新。從你的組織開始,從你開始,捲起袖子,我們動身吧。

第一部

有效的創新流程
Innovate

第1章

翻轉心態

人會抵抗軍隊入侵，但不會抗拒點子湧入。[1]

—— 雨果（Victor Hugo）

在加州文杜拉郡（Ventura）一個寒冷的四月早晨，派瑞陷入窘境。

巴塔哥尼亞（Patagonia）的總部到了，派瑞全副武裝下車，羊毛外套的拉鍊一路往上拉到下巴，手裡拿著滾燙的咖啡，全身散發著運籌帷幄的自信。當時是2002年，派瑞負責巴塔哥尼亞很大一部份的銷售及營運。這間廣受喜愛的戶外服飾公司，創辦人是喬伊納德（Yvon Chouinard），他是顛覆傳統的攀岩家，也是一位鑄鐵匠。

911事件過後，全球長達幾個月的時間，氣氛都很緊張，但至少在此時此刻，一切感覺開始恢復正常。派瑞很幸運能在巴塔哥尼亞工作，這家優秀的公司擁有崇高的價值觀，同事人都很好。那天早上，派瑞感覺可以安心深呼吸，吸進帶有海水鹹味的

空氣,準備迎接春天。

然而,當派瑞快速瀏覽新上架的來年春季新裝時,他樂觀的心冷卻得比手中的咖啡還快。這些看起來像要穿去葬禮的衣服,難道真的就要運送到巴塔哥尼亞全美各地的門市,以及其他數不清的零售商嗎?這些單調無趣的服飾,就是巴塔哥尼亞想帶給大家關於春季探索與復甦的概念嗎?派瑞勉強喝下一口冷掉的爪哇咖啡。

派瑞試著表現出若無其事的樣子(但還是失敗了),走向資深採購。資深採購當時正忙著整理樣品,準備拿給產品團隊看。

「早安,艾德琳。」派瑞打招呼,強迫自己喘口氣,「以春季新品來說,你不覺得這次的產品系列看起來有點⋯⋯嗯,黯淡?新色系的產品在哪裡?」在一陣尷尬的沉默之後,艾德琳終於開口。

「新色系?」

派瑞笑得更用力了,頭歪向掛滿黑色和灰色服飾的衣架,表情似乎在說:**那些還沒送來的彩色衣服,一定在路上了吧?**那一瞬間,衣服上沒有的顏色,都跑到艾德琳的臉上。

「派瑞,」艾德琳指出,「你叫我們專注做長銷款耶。」

派瑞強忍著不要反駁。艾德琳說的沒錯,他的確說過。在他那麼說的當下,打安全牌似乎是正確的;但現在巴塔哥尼亞的春季產品系列有如殯葬業者的衣櫥,打安全牌似乎錯了。巴塔哥尼亞的店面裝潢繽紛明亮,派瑞看著一排又一排的灰黑服飾,他可以想像這些衣服陳列在店內會有多不搭、多令人沮喪。**當你下決策時不惜一切代價迴避風險,就會有這種結果。**派瑞為了「安

全」，眼中只看得見安全的選項，反而讓自己陷入巨大的風險。

派瑞問：「你覺得我們能以多快的速度，讓產品多一點變化？」他臉上依舊掛著剛才的假笑，「生活開始回歸正常，顧客陸續回來了。我想到明年春季，顧客已經準備好迎接更多顏色了。」

「你在開玩笑吧？」艾德琳回答。她沒跟著派瑞一起笑，「你也清楚公司的標準作業流程需要十八個月。」

十八個月！派瑞心想：**我如何能讓昨天的公司，採用今天的點子，好讓我們還有明天？**派瑞把喝了一半的冷咖啡丟進垃圾桶。該開始想辦法了。

新點子是危險的事業

前文提過，點子只不過是在你腦海中原本就有的兩件事之間，建立起新的連結。當你交給大腦一個問題，大腦就會開始工作，以各種方式組合各種知識和經驗，直到燈泡亮了，點子誕生。「這會成功嗎？」也許會，也許不會，但此時還不要馬上切斷點子的奔流，於是你對大腦說：「大腦，做得好！還有呢？你還想到其他什麼點子？」

我們也提過，所謂的問題，就是任何你還不知道該怎麼處理的事。有可能是「我們如何達成下一季營收目標」，也可能是「這一季的雪褲要出哪些顏色」。在被真實世界檢驗以前，任何潛在解決方案的效力都是未知的，也因此每個點子都代表著風險。別說有可能慘敗，很多時候根本一開始就行不通。

因此，**我們處理不熟悉的問題，或是為熟悉的問題想出更好的解決辦法時，不只需要聰明的頭腦，還需要接受事情可能出錯的勇氣。**你得願意試試看，偶爾犯錯。如同派瑞在巴塔哥尼亞的例子，創意的諷刺之處，就在於我們往往會在最需要它的時候，限制了自己的創造力。碰上壓力時，我們的預設反應是採取熟悉的老方法，即便那樣做顯然還不足以解決問題，但相較於冒著出糗的風險嘗試新事物，採取老方法而失敗，感覺上比較安全。

這本書將鼓勵大家抵抗這種自保的直覺，在逆境中仍有源源不絕的新點子。你將學會信任自己的創意。如果你無論在順境或逆境都能保持暢通的點子流，不斷產出可能的解決方案，你將能克服任何挑戰。豐富的創意加上執行力，就能得到無人能及的競爭優勢。為了理解其中原因，讓我們回到巴塔哥尼亞的例子。

災難一夕降臨。2001年發生911事件後，沒有人知道該如何應對。許多人感覺美國正面臨存亡關頭，也承受著數千平民無故遇害帶來的心理衝擊，攻擊事件擾亂了所有美國人的日常。所有事都中斷了，天上萬里無飛機，正是集體癱瘓最明顯的景象。紐約雙子星大樓被撞毀幾天、幾週後，「正常」開始令人感覺像是很遙遠的回憶。四處風聲鶴唳，誰該為這場攻擊負責？會有下一波攻擊嗎？接下來會發生什麼事？

遭遇恐攻，民眾很自然地開始縮減支出。全球企業面臨一個又一個困難的決定。不景氣有可能持續數年，尤其是如果又發生更多攻擊事件的話。該如何撐過下一季都不確定了，更別提原先設定好的大大小小目標。派瑞和巴塔哥尼亞的高層都面臨果斷行動的壓力。公司正準備替下一季採購數百萬美元的原料，然

而,未來感覺風險很高,因此派瑞那年秋天所做的事,和幾乎所有的競爭對手一樣:為了配合下滑的需求,大幅減少原料的採購量。要砍哪些單呢?派瑞向採購下達明確的指示:「保留確定賣得出去的長銷款。」

企業不需要遭遇接二連三的恐怖攻擊,也很容易做出這種短視的決策。大多數人只有在無計可施的時候,才肯嘗試新事物。我們更看重潛在的損失,而非潛在的獎勵。這種被稱為「損失規避」(loss aversion)的心理現象有其用處。史前人類如果誤把樹叢當成獅子,笑一笑也就過去了。然而,要是把獅子看成樹叢,那麼對誰都沒好處(除了飽餐一頓的獅子)。根深柢固的直覺告訴我們,為了安全起見,碰上樹叢時,最好還是一律避開,就算可能藏著美味的果實也一樣。

如果想嘗試新事物,你得先和腦中的偏誤打一架。然而,新點子最麻煩的地方,在於實際做做看之前,很難分清楚哪些會成功、哪些會失敗。本書會帶大家看很多這種例子。依據我們的經驗,愈老練、愈成功的創新者,反而愈不依靠自己的直覺判斷。如果有辦法測試,永遠不要憑感覺挑選。

對巴塔哥尼亞這類戶外服飾公司而言,黑色和灰色的基本款是「安全」的選項。當創意團隊被告知要挑選常勝款式時,就等同於不要新穎款式、捨棄明亮顏色。數十款研發中的新產品被擱置,彩虹光譜上的顏色全都出局。在911事件發生的當下,這個策略感覺有道理。萬一下個春季來臨時,由於全國惶惶不安,人們不想穿紫紅色的衣服怎麼辦?或是萬一紫紅色可以,但天藍色不行怎麼辦?黑色才是每個人都能接受的顏色。

真的嗎？

等到要驗收春季產品的時候，美國的生活已經回歸正常。更重要的是，許多民眾已準備好穿上登山鞋，到戶外冒險，逃離低迷的新反恐戰爭。這樣的顧客走進巴塔哥尼亞的商店，準備挑選裝備，遠離讓人無法呼吸的生活，卻發現眼前一排排的選項，跟他們試圖拋下的世界一樣灰暗。觸目所及，架上全是黑色的防水外套。那年春天，民眾想要感受到重生，但店內完全嗅不到一絲那樣的氣息。巴塔哥尼亞打了安全牌，卻害銷售岌岌可危。

派瑞發現自己矯枉過正。他關掉了設計師的創意水龍頭（一個在商業上完全說得過去的決定），結果讓自己別無選擇，跟不上出乎意料的市場情勢。派瑞掐住了從靈感到點子、實驗、再到產品的創意管線，造成他們將要痛苦等待很長一段時間，才能讓活潑一點的衣服抵達店內。當然，在市場逆境中，派瑞必須採取保護公司的做法，但我們馬上會解釋，他原本也能替自己預留選項，應對情勢變化。（要是他當時手上有這本書就好了！）幸好，那年春天的客流量雖然很少，但巴塔哥尼亞還是逃過一劫，因為主要的競爭對手也落入同樣的思維陷阱。要是巴塔哥尼亞當初能給自己多留一些選項，原本將能狠狠甩開對手。

後文會再談，不論前景和外部環境如何，完全堵住新點子的流動永遠不是安全的選項。暫停創新，即便只是暫停片刻，也會產生長久的影響。由於我們看重風險更勝於獎勵，因此相較於鼓勵創意，澆熄創意不費吹灰之力，因為鼓勵創意需要保持耐性、持續努力。點子不會一夜之間就冒出來。無論環境好壞，你都需要保住點子流。**點子是未來問題的解決方案，代表著明日的**

利潤。沒有點子，就沒有明天。這也是為什麼預測組織的成功與否，最好的方法就是評估組織的創新能力。

每個問題都是點子問題

你多有創意？你的團隊或組織又多有創意？表面上，這種問題有如禪宗公案，或是像「用一隻手鼓掌是什麼聲音」這種謎語。然而，創意是實在、具體的。遇到問題時，不論是「產品要用什麼廣告語」或「該如何拯救下一季」，你要不有新點子，要不沒有，此時都還談不上點子的好壞。在大多數情況下，除非在真實世界測試過，否則很難判斷點子的優劣。一開始你只是需要有大量的點子，多多益善。在創意的世界，量會帶來質。

我們發現最實用的創意衡量方式如下：針對某個問題，在一段時間內，某個人或某群人能想出的新點子數量。我們稱這個指標為**點子流**（ideaflow）。點子流量低的組織會陷入困境，因為公司的必要資源正在枯竭。領導者知道出了問題，察覺公司發展停滯，但說不太出來到底缺少了什麼。妥善執行點子當然也很關鍵，但點子流是基礎，是帶動未來所有成功的原動力。

你可能會懷疑，與其花這麼多力氣關注「產生新點子」，應該還有相對更「基本」、更實際的指標，例如取得專利數、推出多少新計劃等等。問題是，這些都屬於落後指標，等你看出有問題的時候，早就為時已晚。點子流是最實用的評估指標，能夠幫助你即時診斷出創新問題、及早解決。相較之下，追蹤新產品和新服務，並無法即時看出你的創新流程有哪些不足之處，只要想

一想巴塔哥尼亞十八個月的前置作業時間就知道了。

此外，結果會以各種形式呈現。有些公司隨時都在推出新產品或新服務，例如唱片公司、玩具製造商、新創事業育成中心。有些公司則持續精進少數幾樣核心產品，例如汽車公司、律師事務所、銀行。如果要持續明確找出何時該加碼投入創新，就得往上游走，觀察源頭。

點子流是評估整體創新能力的實用指標，因為根據需求產生大量點子的能力，與整體的創意健康程度相關。點子流就像是氣壓計，它無法告訴你每朵雲的位置，但能告訴你暴風雨快來了。當點子流變弱（就像派瑞決定「保留長銷款」而導致巴塔哥尼亞創意停滯），你就知道公司的創意文化出了更大的問題。舉例來說，當派瑞發現設計團隊的點子流變成涓涓細流時，他其實可以去找團隊，針對訂單減少這個問題，請團隊提出新點子。打安全牌讓春季產品全是單調的顏色，這是一種做法，但還有很多可以考慮的選項。

點子流應該成為每位領導者關注的關鍵績效指標。掌握個人和組織的點子流，就能簡單快速地判斷出創意的基準線，並追蹤進展。

曾經有很多年，亞馬遜的獲利與公司市值都不太相關。華爾街其實是在賭創辦人貝佐斯（Jeff Bezos）希望打造的未來。我們認為，亞馬遜的股價反映的是公司超乎尋常的點子流。以一家上市公司來說，亞馬遜花了相當長的時間，才有辦法以傳統的企業指標，實現市場預測的價值。不過，亞馬遜的驚人潛能從一開始便有跡可循。

第1章 翻轉心態　　33

亞馬遜有著源源不絕的點子流,致力於不斷實驗。組織的創意心態必須由高層帶頭,亞馬遜也不例外。貝佐斯甚至在尚未創辦亞馬遜之前,就已經「持續在隨身攜帶的筆記本上記錄點子,好像不快點寫下來,點子的大洪水就會滿出他的大腦」。[2] 此外,貝佐斯不會抱著點子不放。出現更好的選項時,身為領導者的他會「快速拋掉舊想法,擁抱新點子」。如果要培養、增強團隊或組織的創意,最有效的方法就是親身示範好的創意習慣。身為執行長,貝佐斯示範的方法傳遍全公司,因為亞馬遜的雄心壯志,不只是在網路上賣書。

各位可能會想:**我的情形不適用,因為在電商這類領域,大家都會預期破壞和顛覆**。所以說,你的產業並沒有面臨任何顛覆?如果你的事業不受全球經濟的任何浪潮所影響,請告訴我們是哪一家公司,你明天早上就會收到我們的履歷。

貝佐斯無疑在職涯中展現出驚人的前瞻能力。然而,別把技能和努力帶來的成果歸功給天賦或運氣。你不必具備透視未來的能力,也能替組織打造成功的未來。有一項隨機對照試驗,研究義大利上百家新創公司。[3] 研究顯示,創業者如果接受過嚴格的訓練,知道如何發想、驗證商業點子(一如我們在本書中推廣的心態和方法),其表現會勝過對照組的創業者。根據我們在史丹佛大學「發射台」育成中心與數百位創業者合作的經驗,這個研究結果並不令人驚訝。

即便你接受了點子流能帶來創新的觀點,你可能還是覺得事不關己。你可能會想,這本書跟自己沒什麼關係,應該交給有志從事「創意」工作的人讀,例如設計部門的實習生。在典型的

組織裡，僅有極少數人會被要求畫畫、為產品命名、幫廣告想口號，或是做任何傳統觀念上的「創意工作」。至於我們其他這些人，根本不會碰到發想用的白板。

不論你是行銷總監或美國太空總署（NASA）的總監，不論你的新創公司剛拿到第一輪募資，或者你的不動產開發剛進入第一階段工程，你一天之中做的事，主要是回電子郵件、開會與打電話。當然，你會做決策，但你多常需要新點子？你有多常躺在辦公室的沙發上，手裡轉著魔術方塊，進入所謂的創意發想時間？那不是你的工作樣貌，也不是多數人的工作樣貌。**然而，創意其實也不是你以為的那樣**。真正的創意並不像你想像的那麼戲劇化，而且也比你想像的還要普遍常見。

企業裡的創意人員與其他人之間有一道隔閡，這種現象來自於對什麼是創意、創意如何運作，以及誰需要有創意的嚴重誤解。每次有新生抵達史丹佛大學的 d.school，我們都會先破除他們對於創意的所有錯誤觀念。高階主管的誤解尤其深，他們認為創意是藝術家和作家在做的事，與企業高層無關。然而前面提過，我們每一次在解決問題時，其實都需要動用創意。

你怎麼知道自己碰上的是問題，而不只是苦差事而已？問題會讓你失眠，通勤時也在想，與家人共度週末時會心不在焉。如果你試著讀完一篇文章，但反反覆覆都在讀同一句話，那麼你碰上的是問題，而問題只能用一個東西解決。不是努力工作，不是加班，也不是樂觀積極的態度。問題需要**解決方案**——而每一個解決方案都始於一個點子，千千萬萬個點子之中的一個。這個簡單但深刻的洞見，貫穿我們在史丹佛大學 d.school 的所有教

學,也是本書的核心宗旨:

每一個問題,都是點子問題。

為什麼這句話很重要?為什麼這句話能讓我們每天早上都起床投入教學和寫作,並與全球各地的大企業合作?因為學習如何系統性地產生、測試、修正和落實創意,能讓人生和工作中的每一個面向都更輕鬆。這是一把萬能鑰匙,是可以釋放隱藏潛力的核心技能。

如果你沒把令人心情沉重的電子郵件或是令你害怕的對話,都當成需要創意思考的點子問題,你會變得不敢面對。當你不知道該如何著手時,就會開始拖延,而且你會誤以為自己應該要有答案才對。然而,一旦你把事情視為需要新思維的問題,當成一個**點子問題**,你就會知道自己有工具可用,也知道接下來該做什麼:你要開始發揮創意。心中的忐忑不安,其實是在提示我們該揮灑創意了,而這件事需要練習。熟悉這個過程後,雖然問題尚未解決,但你會知道創意時間到了。知道自己「不知道」,是不是很讓人鬆一口氣?

你的創意工具箱目前擺放的訣竅、方法和技巧,都是你在一生中不斷試錯(trial and error)累積出來的。讀完這本書後,你將有一套井井有條且全面的解決問題工具。全球頂尖的創業者與企業高層,都利用這套經過統整的創新系統,逐步抓住機會、拆除障礙。

如果所有問題都是點子問題,那你可能會覺得不需要幫忙

了。畢竟，你已經很熟悉了。你生活中的每一天都在解決問題，對吧？俗話說得好，熟能生巧。然而，熟能生巧的前提是，你不是在反覆練習錯誤的事。回想一下你目前正在傷腦筋的問題，那件讓你無法專心讀這本書的事，例如：銀行那邊有東西出錯、和主管起衝突、求職、簡報、協商。當你想到那個困境時，感覺如何？你感到很興奮嗎？你完全知道該如何解決，每一個步驟都很清楚嗎？誠實地問自己：你的腦中湧出各式各樣的創意嗎？還是你的胃從來沒這麼糾結過？

如果你和大部份的人一樣，那麼遇到問題時，你的直覺反應是逃避。我們會想要躲起來，遠離問題。即使你堅持到底，成功解決了棘手問題，找到解決辦法的過程照樣讓人感覺充滿不確定性，好像是靠意外的運氣。過程中有很多沒結果的嘗試，還做了一些重新發明輪子的白工。如果沒有一套真正耐得住考驗的創意技能，我們在練習的只不過是更擅長拖延、讓靈感枯竭，以及因為過度分析而卡關──而不是擅長以有效的方式發揮創意，享受解決問題的過程。幸好，我們可以拋掉那些已經伴隨我們一生、於事無補的膝反射。就像剛才提到義大利新創公司的研究結論，只要學會創新的方法，就能大幅改善成果。你需要的，只是一些技巧罷了。

計算點子流

如何計算點子流？這個過程不需要把任何電極片貼在頭皮上。點子流這個指標，可以簡單評估你或團隊的創意引擎的**相對**

健康度。計算它的價值在於你可以拿目前的得分,和先前或未來的得分相比。點子流的公式如下:

點子數量 ÷ 時間 = 點子流

計算點子流的方法很簡單。拿出紙筆,接著從你的收件匣中,挑一封電子郵件,最好是需要回覆的重要信件。(如果已經回過信了,也沒關係。)現在,用手機的計時器設定2分鐘。在2分鐘內,盡量為你的回信寫下各種主旨,愈多愈好。寫完一個寫下一個,不要慢慢想,不要停下來,不要判斷寫得好不好,也不要修改已經寫下的主旨。不要給自己時間思考。用你最快的手速,想到什麼就寫什麼。你寫下的主旨可以是嚴肅的、非正式的、幽默的,甚至是荒謬的;句型一樣,只有幾個字不同也可以。重點在於數量,不用管品質。2分鐘到了之後,再回來看這本書。

好了嗎?現在數一數。你一共寫下多少不同的主旨?把答案除以2,便得出每分鐘的點子產生率。在這個練習中,這個數字就代表你的點子流。你也可以依樣畫葫蘆,例如用5分鐘盡量想出廣告標語,或是10分鐘想出產品點子。重點是每隔一段時間,用同樣的方法再次計算。時間長度要一樣,題目也要一樣。理想上,你可以找對平日工作有幫助的事,當成發想點子的題目。如此一來就能評估在一天中,你的點子流的起伏程度,或是評估本書的技巧帶來的效果。

點子流可能看似簡單,但各位可以想一想在你的專業領

域,也有哪些乍看簡單、實則不然的指標和捷思法。舉例來說,物理治療師光是看患者能否伸手碰到腳趾,就能對他體適能的整體情形多所了解。對醫生來說,頻繁更新資訊的簡單指標,用處將大過偶爾才做一次的複雜診斷。不論你是否腦中冒出各種靈感,最初的點子流分數都有其意義。等你學習、採用本書中的技巧,看到分數產生變化,你會更明白點子流與創意的關聯性。

點子流不是在計算智商或天賦,反而更像是在評估你的心態,因為快速產出各種可能性,需要你暫時放下自覺,不害怕失敗或丟臉。如果要火力全開,全面釋放點子流,我們會需要哈佛商學院教授艾德蒙森(Amy Edmondson)談的「心理安全感」(psychological safety)。艾德蒙森寫道,當我們感覺足夠安全,可以承擔理智和情感的風險時,「就能真正做到從失敗中學習,獲得全部的好處」。[4] 唯有當潛在好處高過嘗試新事物(以及有可能犯錯)的社交和金錢成本時,你的大腦才會開啟防洪閘門。如果「可能有人會嘲笑我的提議」這件事讓你很害怕,代表你極度缺乏心理安全感。

不論是因為你個人的錯誤認知,或是組織太保守,當你感到不安全時,就不可能彈指「啟動」創意。如果你本身的點子流太小,你必須改採創造性的思維方式,培養必要的內在韌性。如果是你帶領的人點子流太小,則問題不在他們身上,而是你的問題。想讓創意管線的末端出現正向改善(解決問題、執行計劃、產品出貨),前提是在管線的開頭就讓整個團隊都有安全感。

點子流是一道光譜,但乍看可能會誤認為是某種二分法,只分成「有創意」與「沒創意」兩種,就好像討論問題時,團隊

裡的某個人侃侃而談,其他人則悶不吭聲。請不要掉進「創意是天生才能」的陷阱,你可以利用點子流找出團隊的瓶頸,並加以解決。與其讓團隊的明星獨自扛下創意的重責大任(團隊只能得到較狹隘、較無趣的可能性),不如協助其他成員發揮創意潛能。這麼做將能以前所未有的幅度增加你的人才板凳深度,開啟創意閘門。點子流不像IQ,它不是固定不變的指標,而是會隨著情境改變。你不僅有可能提高點子流,甚至有必要這麼做。我們的工作與寫這本書的初衷,就是為了倡導這個理念。

請從現在起記錄你個人的點子流,隨著你往下閱讀,也要定期檢視。雖然你的分數有可能受到睡眠和壓力等干擾,但只要下功夫實踐書中提供的習慣、行為與技巧,分數將呈現整體向上的趨勢。你在刺激點子流的過程中,將以先前不曾想過的方式尋找靈感來源,放手讓好奇心帶著自己走。一旦你看到自身轉變帶來的好處,你也將更能協助別人提升創意輸出。

沒有點子,就沒有明天

一家公司會走下坡,不會只是因為缺乏創新。但點子流很小的組織一定會遇到困境,因為點子就是未來的獲利。不論你的產業有多穩定、你的市場地位有多穩固,明日終將成為今日。沒有點子,也就沒有明天。

創意枯竭時,少有領導者會把矛頭指向心理安全感這種軟性因素。然而,冒創意的險的確需要安全感。人們心中不安時,不會願意冒險,而取得成果都需要冒險。事實上,碰上危機時,

公司一般會採取的手段，反而最具寒蟬效應、最會扼殺創意，例如訂定更大的目標、設定更短的期限、不斷裁員等等。領導者病急亂投醫的結果，就是引發扼殺創意的恐慌。（如果有公司能藉由砲轟員工的創意來挽救直線下墜的業績，請告訴我們，我們太想知道了。）事實一再證明，組織要靠不受拘束的大膽創意，才能挺過破壞式顛覆。

　　創意可以拯救公司，領導者卻親自斬斷創意，這種情形其實可以理解。領導者不把促進創意當成優先要務，單純是因為他們不明白創意需要什麼。會激發創新的行為，看起來並不創新。下午去散散步，就有可能想出獲利的方法，但公司業績不好的時候，我們會讚揚的行為是死守在桌前，最好是熬夜工作。然而，埋首苦幹時，怎麼可能看得見遠方的天邊有些什麼？組織之所以不鼓勵能拯救組織的行為，很重要的原因是現代職場文化的工廠心態。

　　總而言之，如果領導者真正了解如何建立、培養點子流強勁的組織，例如Netflix與特斯拉這樣的企業，那麼組織的競爭優勢將比對手高出許多。這樣的領導者知道哪些我們不知道的事？首先，他們明白創新對任何事業來說都是命脈，並非只有所謂的創意產業，才需要創意。不是只有廣告與設計等產業，才應該鼓勵塗鴉和睡午覺這種「特殊行為」。長期穩定發展的部門，很容易看輕對創新的需求。領導者誤以為只有在偶爾遭遇顛覆時，才需要冒險投資創新。這種心態讓他們一心想降低風險，其他時候則想辦法獲取短期利益，導致只看下一季的有毒思維。這種思維已經危害美國企業數十年了。

企業和人類不一樣，沒有自然壽命。大品牌如果走下坡，不是因為命中注定，而是創意停滯所致。組織要興盛，就必須持續更新、重塑自己，並提供誘因，鼓勵成員冒險嘗試新事物。創新如果不能成為企業不可或缺的一環，則公司不只是原地踏步，更會面臨衰敗。反過來說，如果持續有創新的火花，那麼一家公司營運再久也不用擔心。西門子（1847年）、古德里奇（Goodrich，1870年）、任天堂（1889年）、寶僑（1837年）、波爾公司（Ball Corporation，1880年）等老牌企業，靠著持續自我改造以創造新的獲利。點子流對個人是競爭優勢，對企業則是青春之泉。

如果你做的是傳統定義的創意工作，或是把創意嗜好當成副業，你八成正在頻頻點頭。你從經驗中得知，點子流是必須定期鍛鍊的肌肉。愈是持續發揮創意，當你真正需要點子時，也就更容易有點子。反之，如果你不曾把自己視為創意人士，或是你的工作不曾需要突破性的思考，本書將改變你對於解決問題的認知。培養創意心態，將以意想不到的方式讓你的工作變得多一點愉快、少一點挫折。

從本質上來說，解決問題的創造性方法需要一種心態的翻轉。當你把想破頭的難題，轉而視為點子問題時，你便翻轉了缺乏生產力的常見做法。你不會再拚命找出完美的解決方案，不會再誤以為只有一個完美的答案。你將改為追求不同的目標：

- 從追求質，變成追求量。
- 從小心翼翼，變成天馬行空。

- 從完美主義,變成付諸實踐。
- 從一次搞定,變成持之以恆。
- 從你的觀點,轉為別人的觀點。
- 從一人作業,轉為團隊協作。
- 從只看相關性,轉為擁抱隨機。
- 從專注眼前,轉為心神漫遊。
- 從秩序,轉為混亂。
- 從你的專長,轉到不熟悉的領域。
- 從專注於輸出,轉為執著於輸入。

以上提到的心態翻轉,有些在一般的企業環境中並不受歡迎。不過接下來我們會證明,若想成功發揮創意,必須先意識到創意的獨特地位。創造的過程就像中世紀的嘉年華會,在那裡,平日的規矩完全被翻轉過來,專注、效率、品質、階層等企業的關鍵營運指標只會扯後腿。走向創新的時候,愈快徹底翻轉做法,便愈能有效運用時間。

由於我們大部份的工作是在組織裡完成,本書也會經常提到協助他人翻轉。如果你能讓同儕甚或是組織一起加入,你將享受到暴增的創意協作帶來的好處及好運。但就算團隊裡只有你了解創意的必要性,你依然能享受到改變的效益。在我們一路討論創意心態背後的所有習慣、行為和慣例時,請別忘了甜美的果實正在等著你。

創意組織的面貌

增強點子流需要長期持續的努力。不過首先,你只需要願意投入這個流程就可以了——願意跳脫公認的商業模式,尋找突破性的點子。準備好投入創意了嗎?還是你要一直置身事外,批評創意流程,扼殺自己有可能帶來的最大貢獻?

請記住,踏入深水區是值得的。點子流增加後,不僅是你和團隊的績效會出現量的提升,工作時的質也會有所改善。你們將感覺更自在、更享受、更投入,而且最終也會出現前所未有的漂亮財報。

如果你不曾待過創意組織,這種新的工作方法……表面上看起來有點怪。請記得做好迎接差異的心理準備,一開始可能會非常不適應。舉例來說,創意工作的人一般更不常待在辦公桌前;他們比較常做的是交談,而不是進行冗長的正式會議。(當你知道如何有效處理問題,就更容易發現大部份的會議是在浪費時間,令人難以忍受。)如果真的需要舉行會議,一般都是臨時召開,而且很快就結束,或是主題高度明確,直奔該如何行動的明確結論。

創意企業的成員聚在一起,目的是分享能量和靈感,或是解決他們無法單獨解決的問題,而不是一起看用電子郵件就能通知所有人的結果。此外,他們通常是下午聚在一起,此時大家已經完成一天中最耗腦力的思考,而且地點不會是沉悶的會議室。

最後一點是,沒錯,創意組織的成員偶爾會發呆,或是和刻板印象一樣,他們會塗鴉。請不要打斷他們。正在讀這段話的

領導者和管理者，請務必打破你心中根深柢固、工作就「應該」怎麼樣的想法。請不要再堅持現代工作地點的表演儀式，留給團隊一點創意空間。

此外，很重要的一點是，請保護你的員工，不要讓組織裡的其他人干擾他們，以免破壞你為了建立心理安全感所做的努力。比起強勁的點子流帶來的好處，以上這些小事都算不了什麼，最終結果會證明一切。你會需要投入時間、精力與信任，才能讓新行為成為整個組織的常態。

專業運動員經過訓練後，能高度精確意識到身體的需求與極限。創意團隊的成員也一樣。他們會摸索出在什麼情況下，自己能有最好的表現、頭腦會最清醒。他們會培養出更強的自省能力，更深入敏銳地意識到自己的情緒與能量值，因而以最佳的方式運用時間。點子流大的時候，他們會盡全力想出新穎的可能性。狀況不好時，他們會做不需要動腦的日常事務，等有精神了再說。他們恢復能量的方法可能包括散步、買杯咖啡、呼吸新鮮空氣與曬曬太陽。實際做法因人而異，但身為主管的你能幫的最大的忙，就是允許員工依據自己的狀態做調整。在創意組織的每一張桌子，人們不會沒頭沒腦忙個不停。他們會刻意休息，因為精力恢復了，工作成效會更好。團隊的每一位成員都會學著尊重自己的大腦。大腦是一部高性能的點子機器，需要小心保養，才能產出最佳結果。

在創意組織中，工作的重點不再是討老闆歡心，也不是安撫股東。取而代之的是人們會想把工作做好，有效、優雅、目光遠大，背後最主要的動機是成就帶來的自豪感。人們發現到，

讓創意的機器全速運轉的感覺很好，創新、協作與實驗本身就能帶來獎勵。當你把創意融入你所做的每一件事，將體會到精熟通達與自我實現帶來的深層滿足感，也就是心理學家馬斯洛（Abraham Maslow）提出的人類需求層級中的最高層次，而這是工作應該帶給所有人的東西。在創意組織中，員工滿意度會隨著企業績效的提高而上升。

※ ※ ※

創新愈來愈難了。史丹佛大學團隊的一篇論文顯示，研發生產力（research productivity，根據你投入的資源所能預期的創新速度）在過去數十年間持續下滑。[5]

一世紀前，小團隊也能帶來大進展，例如電報或蒸汽機。然而，在今日這個極度複雜的世界，基礎創新已經很成熟，即便只是漸進式的改善，也得付出極大的努力。該篇論文指出，經濟體必須每十三年就讓研發的投入翻倍，才能維持相同的成長速度。相關的全球趨勢同時適用於個人和組織，我們所有人都必須更加努力創新，否則就會被歷史淘汰。

希望以上已經說服各位，在點子流上投注精力有其好處。如果你是領導者，不必再遲疑該如何協助團隊改善點子流。很簡單，改變必須從你開始。如果你不培養自己的創意實踐，學著把每一個問題當成點子問題，那麼你將永遠無法鼓舞其他人擁有創意心態。在你的組織中，點子流將永遠是涓涓細流。每個人繼續用腦袋撞牆，等著天上掉下解決方案，而不會自己想出辦法。

下一章介紹的創意方法簡單卻很有效。你將能加強自身的點子流，同時為身旁的人立下典範。

第 2 章

養成創意習慣

天才的祕訣無他,不過是日復一日持之以恆。[1]

——作家瑪麗亞・波波娃(Maria Popova)

　　增強點子流並非始於改善腦力激盪技巧,而是從你醒來的那一刻開始。你如何運用有限的時間,將深深影響你的創意產出。以下用珍和吉姆的一天來解釋這個道理,這兩人的原型是我們認識的企業主管。珍和吉姆擔任的職務很類似,最終的結果卻截然不同。

　　吉姆是某間軟體開發公司的行銷部門主管,公司自從去年初推出第一個行動 App 後就一路成長。吉姆每天除了擔起壯大團隊的任務,還得回應層出不窮的緊急需求,他的每一天都有如在急診室裡為病人做檢傷分類。早上手機鬧鐘響了之後,一連串的通知映入眼簾。從那一刻起,吉姆只有在絕對必要時,才會讓眼睛離開螢幕,包括沖澡、開車上班(等紅燈除外)、在得來速接過雞蛋三明治和咖啡。吉姆在恍惚的狀態下,快速回覆電子郵

件、傳送工作訊息,直到把車開進公司停車場。

早上9點,吉姆已經筋疲力盡、心浮氣躁,但仍要面對塞滿尚待解決問題的收件匣,以及密密麻麻的會議行程。他一整天都在回應事情,日復一日,感覺就像被困在跑步機上一樣。雖然他可以做比較有前瞻性、刺激成長的事,但嘗試新事物佔去了寶貴的時間和力氣。在時間、精力如此有限的情況下,花力氣去做不一定會有結果的事,感覺風險太大了。

吉姆要如何事先判斷哪個新的行銷方案會成功呢?他或許能想辦法挪出一、兩個小時,但不可能持續每星期、每個月,去做不確定會不會有結果的事。大點子得先等等,等他終於能挪出一大塊不受干擾的時間。等他有時間了——很快很快,再過幾天就有空了!——他就會坐下來發想**大方向**的點子。

吉姆忙的每一件事,無法否認都是分內之事,他替會議增添價值、寫電子郵件回覆問題、管理日益龐大的團隊。他雖然沒完成什麼艱鉅的任務,但公司正在飛速擴張。當現有的點子進展十分順利時,也就不需要什麼新點子了。吉姆可以等目前的超級速度慢下來之後,再擔心未來。他目前只需要不斷開會、清空行事曆上的事,直到終於能真正下班。事實上,等吃完晚餐,他會來做一點規劃。

(當然,實際情形是,每天晚上吉姆回到家時已經體力透支、腦袋一片空白,並感到空虛。他只能休息幾個小時,接著明天一模一樣的行程又會重來。吉姆根本不想思考什麼新點子,即便如此,他還是一再對自己承諾,他會去做的。)

就在吉姆再度展開自動駕駛模式的另一天時,創辦人召開

全員大會，宣布公司沒拿到預期中的創投資金。他們必須比預訂的時間更早獲利，而這將需要大膽的思考，責任主要落在行銷部門身上。

「吉姆，有什麼準備好拿出來的法寶嗎？」

吉姆注意到會議室突然一片寂靜，他從手機上抬起頭來，才發現每一雙眼睛都在盯著他看。創辦人又問了一次。

什麼法寶？沒人給我時間端出法寶啊！不過當然，吉姆知道這句話只能憋在心裡。「太多了。」他說，「我們散會後再談。我會向您介紹我們最新的點子。」這個搪塞的答案應該可以拖個兩小時，夠他想出⋯⋯想出點什麼。

兩名主管的故事

吉姆的處境是不是聽起來很耳熟？雖然從表面上看，你的一天或許有所不同，但你大部份的工作時間想必也是忙個不停。你和吉姆一樣，也希望自己能更有遠見、更有創意、更有生產力。你可能已經觀察到，不論是在你的組織或整個產業，那些快速升遷的人都是期許自己好還要更好的人。他們除了完成職責範圍內的事，還端出新的大點子，並以能見度高的方式貫徹執行。

你只是不知道該如何做到。

高績效的創新者究竟知道哪些你不知道的事？他們的行事曆上是否比你多出幾個小時？你總是在等奇蹟出現，等過一陣子不那麼忙了，就有時間思考、執行重要的事。這次你真的會這麼做。然而，你每天都忙得團團轉，甚至不知道該從何著手，才能

想出全新的事物。

用創意來解決問題與創新，主要得仰賴協作。等一下會談到，不論你的身分是主管、執行長，甚或是新創公司的創辦人，你通常會和其他人一起解決新問題。在後續章節中，我們將引導你走完整個創新流程：從蒐集靈感原料到想出五花八門的可能性，再到真實世界驗證潛在的解決方案。不論你是從什麼觀點出發，都能獲得啟發。然而，在**所有組織**的**任何階層**，**每一步**都得仰賴一個太常被忽視的基礎：你。你不是某種天線，等待接收宇宙某個角落傳來的點子。點子來自於**你自己的大腦**。廚師會磨利他們的刀；樂手會細心呵護自己的樂器。工欲善其事，必先利其器。在本章中，我們將向你展示，該如何準備好自己的工具。

你在生活中至少經歷過一次想出點子的經驗，於是你知道自己有創造的能力，所以你把如今想不出點子歸咎於工作量太大，或是家庭生活中有太多瑣事，理由任選。如果你認為缺乏創意產出的原因，在於待辦事項清單無限增生，便會得出這樣的結論：等我沒那麼忙了，就會更有創意。於是你不斷等待。幸運的話，你真的會在工作上經歷一段放慢速度的時期；更幸運的話，你會意外地被裁員。之所以稱之為幸運，是因為唯有發生這種事，你才會終於接受事實：**不會有任何事發生的**。被壓抑的優秀點子洪流並不存在，也不會冒出一股動力或興奮之情，促使你讓已有的點子成真。你依舊會困在原地，只不過這次沒藉口了。到了那種時候，你才會質疑自己的假設。**或許你一直以來都想錯了點子的運作方式。**

總而言之，我們都想大步朝著目標邁進，取得可衡量、有

第 2 章　養成創意習慣　　51

意義的進展。然而，如果你繼續按照吉姆的方式行事，那一天永遠不會到來。當期待中的平靜到來時，通常是毫無預警地來臨，也不會讓你有餘裕好好思考。人通常都是遭逢變故，才突然有大把時間，例如巴塔哥尼亞在911事件後訂單下滑；而你上一次開始替未來做打算的時候，恐怕是因為那陣子生意不太好。

　　如果大多數人都像吉姆那樣對待創意，那還能怎麼做呢？先別說執行了，你這輩子是否曾經構想過任何偉大的點子？依據我們的經驗來看，在大部份的組織中，重大貢獻都來自少數幾個創意明星，仰賴鳳毛麟角的這幾個人持續產出重要的點子。不論這些人各自的專業如何，他們都有相同的行為和特徵：大量的點子流，耐心地加以測試與修正，穩紮穩打落實經過驗證的點子。這些人從容行事，懂得管理時間和精力，以做出高價值的努力。**他們看重功勞**（成就），而非**苦勞**（看起來很忙）。如果你想加入他們的行列，你得明白這種工作方式背後的助力，不是生產力祕訣，也不是激勵人的口號，而是徹底轉換心態，以全新的方式處理問題。

　　創意明星做起事來是什麼樣子？讓我們回到剛才的全員會議。鏡頭往吉姆的左邊移動幾張椅子，給他的同事珍一個特寫。珍在這間突然岌岌可危的軟體新創公司擔任銷售主管。她的團隊和吉姆的一樣大，她的職責也一樣緊迫，但珍會以一種放鬆但目標明確的態度來處理她的工作。她從不像吉姆那樣急如星火，讓大家看到她很忙的樣子。珍不會眉頭緊鎖，也不會和別人講話的同時還忙著用手機傳訊息。此外，珍也不會在會議結束後，以競走的方式衝進下一場會議，好像深怕有人看不出她在公司的重要

性。珍只不過是一次又一次地落實新企劃、新任務。

至關重要的是,珍之所以能做到,並非因為她忽視日常的職責。銷售部門和其他部門一樣,有很多問題要解決,但他們卻能速戰速決,原因是珍——以及她領導的銷售團隊——在工作上**很有策略**。珍會事先規劃,分批處理類似的任務,並將未來的需求與目前的需求依照優先順序區分開來,因此騰出創新所需的時間和精力。久而久之,珍的直屬員工也上行下效。雖然吉姆偷偷懷疑過,但珍和他一樣,一天只有24小時。讓我們來看珍如何以不同的方式利用那24小時。

天亮了。珍已關閉了手機上不必要的通知,所以她瞄了手機一眼,為的就只是關掉鬧鐘。接下來,珍花一小時準備好身心,冥想、運動、安靜反思,以及寫日記,好讓自己心有餘,力也能足,準備好打一整天的硬仗。珍認為這麼做是在準備好身心靈,如此充分的準備有其必要,因為她希望在一天中遭遇各種考驗時,自己能主動做點什麼,而不只是被動反應。珍感到內心平靜、頭腦清楚,一邊享受營養豐富的早餐,一邊閱讀與工作領域相關的書籍,幫頭腦暖身,刺激新思考。

珍在前往辦公室前會回顧筆記。她隨身攜帶大本的筆記本,沒有特別使用哪一種整理筆記的系統。筆記本只是一個簡單的空間,可以記下開會時想到的後續行動、目前和潛在的工作專案點子,以及隨手的塗鴉。這是珍的紙上思考園地。當她回顧以往的點子時,往往會迸發出新的想法,這時她會如實記錄,不加評判。她腦中充滿創意,裝滿眾多可能性,接著就去上班,整趟車程都專心看路。

珍神清氣爽抵達辦公室，確認行事曆上第一個小時是空的，她幾乎每天早上都是如此安排。珍保護團隊的早上不受外界干擾，除非真的碰上緊急情況，或是偶一為之的公司全員會議。珍把第一個小時用於規劃、寫銷售文案、準備簡報，有時則是單純拿來思考。銷售部門的安靜氣氛讓公司新人好奇，他們不禁注意到，與辦公室整體鬧哄哄的場景相比，銷售部彷彿是另一個世界，看來就像是大樓的那塊辦公空間租給了別家公司。然而，新人很快就會發現，銷售部門是公司的核心。在你需要時，這個部門使命必達。更妙的是，就連你不知道明天將需要的東西，他們也會一併奉上。

　　相較之下，當你和吉姆的行銷部門打交道，不論你請他們做什麼，感覺永遠都會節外生枝、遇到意想不到的延宕。嚴格來說，這絕不是任何人的錯，但不論做了多少敏捷開發的衝刺、站立會議，以及促進績效生產力的種種努力，問題還是會突然出現。你學到如果需要行銷部門的任何東西，就得一直跑去煩他們，而這麼做只會浪費每個人的時間和精力。然而，雖然吉姆和團隊聽起來很忙，整天大呼小叫，忙著做每一件比你的事還重要的工作，卻又見不到任何實際的成果。只聞樓梯響，不見人下來。（當下次又有人建議要舉辦黑客松來解決問題時，別忘了《包法利夫人》〔*Madame Bovary*〕的作者福樓拜〔Gustave Flaubert〕曾經建議朋友：「你的生活要有規律和秩序，作品才能顛覆且具原創性。」）[2]

　　由於銷售部門做事可靠、有求必應，大家已學到避免打擾他們，不浪費他們寶貴的時間和精力，也不把他們加進電子郵件

群組和會議邀請中。大家理解銷售部門靜悄悄的,是因為他們正在處理重要的工作。珍的部門不僅思考公司的未來,也正在打造未來,確保明年每一個人都還有工作。這一點受到大家的敬重。

這裡要澄清的是,珍並不是在一夕之間就做到福樓拜所說的井井有條。珍和吉姆不同,她會花時間依據優先順序分配工作,不會當下感到哪件事最緊急就跑去做。珍懂得擬定制度和流程,節省重複性事務消耗的時間。珍努力持續增加自身的效率,因為她需要將大部份的時間花在有效處理明日的需求。這種前瞻心態能解釋,為什麼雖然珍不時會面對危機,偶爾早上還要開會,但她不會像吉姆那樣,日子總是過得一團亂。

吉姆在全員會議上被問得措手不及後,珍翻開筆記本的其中一頁。等創辦人點名她的時候,她已經準備好提出想法,她的團隊早已預測到這次的轉型,並積極測試幾種可能性。吉姆和珍都曉得,公司的App遲早得收費。珍認為會提早發生,創辦人要她放手去做,投入更多資源進行實驗,並執行其中一個已經獲得驗證的點子。珍和團隊得以處理明日的挑戰,吉姆則回去救昨天的火,並無助地苦惱明天。

雖然珍和吉姆只是幾個人物的混合,但以上敘述全奠基於我們與全球數百位企業領導者合作過的親身經歷。只要你在組織工作過,不論規模大小,你應該都能產生共鳴。你可能曾經替吉姆工作,甚至你自己**就是**吉姆。幸運的話,你也曾替珍工作過,不過機率比較小。然而,沒人規定我們不能當珍,我們在專業上全都能朝著珍的方向努力。如果你對這個概念感興趣,請繼續往下閱讀。

＊　＊　＊

當公司進展停滯時,驚慌失措的領導者會要求當下就得到解決方案。若未能如願,他們就會開始責怪下屬,而不是檢討自己建立的公司文化扼殺創意。如果你是這種情況,請不要再從產出的角度來看待創意了。把目光聚焦在解決方案,無異於從望遠鏡錯誤的一端看問題。創造是一種流程,而非產品。有效率的創新者不會只是離開現場一小時,接著就神奇地帶著一堆點子回來。唯有先培養創意習慣,持之以恆,才能在需要時展開創意思考。當你持續為了創意投資時間和精力,自然會有產出。

點子和番茄一樣,兩者的成長都需要肥沃的土壤和大把時間。但點子與番茄的不同之處,在於你無法在下班途中到賣場一趟,就買到新點子。一個成熟如紅番茄的點子,代表了你花心力照顧果園後的收成。如果沒翻土、沒播種,怎能期望長出任何東西?靈感或許令人感覺神祕,但點子不會在賣場裡突然冒出來。我們感到神祕,只是因為我們沒注意過點子是怎麼來的:有種子被種下,接著有富含營養的經驗和資訊堆肥,協助種子長出根——也就是與其他點子、事實、概念之間的寶貴連結。接下來,你的意識裡才會冒出一小片綠葉。若想在需要時都能立即利用穩定充沛的點子流,你就必須轉變做法,不再費力去人行道上尋覓雜草,而是在一座精心照料的茂盛果園裡栽培果實。

改變心態的時刻到了。你得從問題和專案的心態,轉向流程和實務。創新並非偶然發生,創意就跟體力或身體柔軟度一樣,需要適當的技巧訓練與規律的投入,否則產生點子很令人筋

疲力竭，而且往往白費力氣。這就是何以創意實踐的基礎，是每天來一點輕鬆的暖身。

點子額度練習

每天早上放鬆僵硬的創意肌肉，將能協助你做出關鍵的轉換：在想點子的時候，從「質」的心態轉換到「量」。只要把接下來的「點子額度練習」（Idea Quota）納入日常行程，將能減輕追求完美的潛意識壓力，這種壓力只會阻礙創意探索。

從現在起，每天早上寫下十個點子。（我們稍後會提及是哪種點子。）點子的品質不是重點所在。事實可能與你所想的不同，尚在腦中的點子，其實無法判斷其優劣。在創意流程中，**驗證**點子（idea validation）與**產生**點子（idea generation）同樣重要，不過這部份留待後面章節詳述。我們現在的目標，只有讓食古不化的想法煥然一新。

「點子額度練習」很簡單，只要記住「3S」就可以了：

1. **播種（seed）**：挑一個問題加以研究。
2. **睡眠（sleep）**：讓潛意識處理問題。
3. **解決（solve）**：用大量的點子淹沒問題。

接下來讓我們細看每一個步驟。

播種

點子永遠不會憑空出現。不論你是否意識到,大腦其實永遠都在後台處理問題。你總能「隨機」想出很多點子,但它們無可避免地會被那些一直困擾著大腦的事所影響。然而,那些往往是微不足道的煩惱,為其擔心並無法有效發揮你解決問題的能力。由於潛意識無法區分緊急和重要的事,因此你必須有意識地加以引導,否則會一直掛念最先想到的事,而非對你的長期抱負最重要的事。

從現在起,你要把最重要的問題灌輸給大腦,引導大腦關注對你的目標有意義的特定領域。你的大腦會致力於排除工作專案的絆腳石、辦公室的人際關係問題,甚至是你職涯缺乏願景的困境,反而不會一直回想沒禮貌的陌生人說了什麼,或是分析追劇的劇情。請記住,**任務**是你知道怎麼做的事,即便你不想做也一樣;**問題**則是你根本不知道該如何處理的事。真正的問題只會對新點子有所回應。每天晚上就寢前,請在腦海中植入一個值得思索的問題:

- 我要如何減少這一季的成本?
- 今年要帶孩子去哪裡度假?
- 我該如何向主管提加薪的事?
- 我在銷售會議上要怎麼開始進行簡報最好?

不要擔心如何找出完美的問題,也不要花超過幾分鐘的時

間來選擇。如果你在讀完某人寄來的電子郵件後,將之標示為未讀,**因為你目前實在不知道該如何處理**,這就是點子問題的典型徵兆;如果你因為逃避某個讓你感到害怕的工作而不斷清理收件匣,那也是點子問題的典型徵兆。不必等到就寢時間,現在就寫下來。如果你有不只一個迫切的點子問題,那就列出問題佇列(Problem Queue,需要你處理的好問題,永遠不嫌多。)

當你準備好要睡覺時,從你的問題佇列中挑一個問題,在注意力不集中的放鬆狀態下,想一想那個問題。你甚至可以花幾分鐘做一些相關的閱讀。不過,不要強迫自己想出解決方案。這裡只是要引起你潛意識的興趣。想一想相關的細節,但不必急著當下就要解決問題。

睡眠

即使你在晚上睡到「不省人事」,但大腦可沒閒著。研究顯示,對認知表現和大腦日常保養來說,睡眠是絕對必要的。[3]當你的意識休息時,大腦會以較為放鬆且更直觀的方式,處理你一天中經歷的事。這可是一股非常強大的力量。為什麼要浪費這種無與倫比的能力呢?

偉大的洞見會出現在夢境。著名的例子是化學家柯庫勒(August Kekulé),他宣稱在夢到一條蛇吞下自己的尾巴後,推導出苯分子的環狀結構;同樣地,諾貝爾獎得主勒維(Otto Loewi)也是在夢中獲致正確的方向之後,才證明出神經衝動在大腦中是由化學物質傳導,而不是透過電。[4]也就是說,人們通常很少夢到完整的解方,主要是醒來後,新思維取代了舊思維。

睡眠能提高我們白天解決難題的能力，[5]也因此睡不好是雙重打擊：不僅無法帶來新洞見，也無法在醒來時，準備好以有效的方式創新。此外，睡眠不足還會「傷害注意力和工作記憶」，並「影響其他功能，例如長期記憶和決策」。[6]

如果你有睡不好的問題，有一些已經獲得證實的療法，例如減少攝入酒精、睡前不吃大餐、補充鎂等營養素。如果是更嚴重的睡眠問題，例如睡眠呼吸中止或失眠，請向專家諮詢。不論如何，你都應該在合理的時間睡個好覺，一整夜都沒被打斷，才有辦法拿出最佳表現。

解決

不論是沖澡、做早餐，或是晨跑，凡是在做任何稍微分散注意力的活動時，以放鬆的方式想想那個問題。接下來在上班前，花幾分鐘寫下可能的解決方案。目標是最少寫十個，不過相同答案的不同版本可以各算一個。舉例來說，如果你正在為新商標設計顏色，那麼雖然「海水藍」與「矢車菊藍」都是藍色，但可以算兩個答案。

每天早上都要想出十個答案，雖然這聽起來很嚇人，但是參加我們訓練課程的學員通常平均不到3分鐘就能做到，方法是不要試圖想出「好」答案。如果滿腦子想著品質，你有可能瞪著白紙想了半天，還是什麼都想不出來。產生點子的流程永遠要重量不重質。早上進行點子額度練習，可以刺激點子流，讓你不會因為有可能提出「壞」點子而坐立難安。記住，人類並不擅長區分壞點子與或許可行的點子。一旦你放棄一定要「正確」的心

態,那麼各種可能性就會更快從腦中流出。當你想出至少十個答案後,恭喜自己完成了,然後繼續你的一天。

我們曾經和新加坡的某位科技高階主管合作,她告訴我們,一開始她總覺得做點子額度練習很痛苦。頭幾個點子通常平淡無奇,就好像她的大腦正在排出管線裡的髒東西。然而,接下來就會湧出更豐富、更有趣的可能性。一旦她允許自己寫下十分離譜、可笑甚或根本就不合法的事,點子的洪水閘門才會大開,這就像是跑步時腦內啡開始分泌一樣。她想出的最後兩、三個點子,自然是最有價值的。

別再扼殺你的點子

請抗拒判斷哪些點子值得留下的誘惑。等一下我們會談到,點子流的最大障礙並非缺乏點子,而是你內心的審查制度。大腦擅長想出可能性,但更擅長否決,畢竟我們在成年生活中,大都在訓練否決能力。事實上,你有時甚至會在尚未完全意識到之前,就在批評某個具備潛力的點子。每日的點子額度練習是放鬆這種直覺反應的第一步。

自我審查是一種實用的認知反射。因為若一整天都在天馬行空胡思亂想,我們會很難專注,更別說是完成任何起了頭的事。但問題在於這個「否決」肌肉被訓練得太強壯了——有如雷神索爾肌肉分明的前臂。

從小學開始,我們就被訓練要質疑自己。但凡觀察任何一間教室就會發現,孩子若說了一句天外飛來一筆的話,或甚至

只是問了比較麻煩、無法明確用「對」或「不對」來回答的問題，就會被老師責罵。但也別怪老師，這全然是體制所致。當你企圖要讓事情「步入正軌」時，點子無異於搗蛋。最佳效率（optimum efficiency）意味著只要出現不一樣的想法，就要加以刪除。然而，在談到創造力時，效率反而會適得其反，尤其是在危機和顛覆時期。為了增加點子流，我們必須解除這些迅速抑制原創思考的強烈力量。

　　林普博士（Charles Limb）是醫師，也是音樂家。他以引人入勝的方式，結合自己的多元興趣。林普利用磁振造影掃描研究爵士樂手和嘻哈歌手，以了解大腦在即興創作時會發生什麼事。林普發現，在即興創作過程中，當我們太在意自己時，大腦原本活躍的區域會靜止下來。不論我們是在作曲、表演即興饒舌，或是為新的廣告標語寫下十個點子，創造力都需要大腦停止密切監控自身活動。「如果你是爵士樂手，腦中不斷想著萬一出錯怎麼辦，」林普在某次訪談中說，「你將避免冒險。也因此如果要真正產出原創的音樂，就必須減少自我抑制。」[7]值得一提的是，林普發現創意狀態與做夢之間的相似之處。「你在做夢時，也是在處理未經規劃的結果與自由聯想。」他表示，「我們最具創意的時刻之一，就是在做夢時——此時我們不受約束，有辦法發揮超凡的想像力。」

　　點子額度練習一陣子後，你將有能力在需要時拋出新點子。勤加練習將有助於消除不利於創意的反射動作，你將不再一看到不熟悉的事物，就下意識反對。此外，點子額度練習還能訓練大腦在正確時刻放鬆抑制。你將習慣表達**所有**想到的點子，不

論感覺上有多笨或多離譜都沒關係。

通常在早上刺激完創意後，一天中的創意思考會更加靈活與豐富。亞蘭（Catherine Allan）是波士頓兒童醫院（Boston Children's Hospital）的新生兒加護病房主任，她便體驗到了這樣的效果。「今天早上，」亞蘭告訴我們，「我在思考該如何解決病患床頭的照護障礙——那裡有一大堆的線，還有大型設備的各種零件等等。」亞蘭在她的點子額度練習中，想出幾個可能的解決辦法。但接下來當她準備出門、經過家中走廊時，注意到牆上放鑰匙的掛鉤。她想到這個簡單的裝置或許很適合病床：「賓果！」

達沙羅（Laura D'Asaro）是蟋蟀蛋白質新創公司雀普思（Chirps）的創辦人，她挑戰自己在一年間，每天都要想出新業務的點子。經過幾星期、幾個月的固定練習後，她的創業敏銳度愈來愈高。「我變得對問題超級敏感，」達沙羅告訴我們，「每次我被惹惱，感到腦中有一個小小的聲音說：『哎呦，**這個**煩死人了』的時候，我就會想：『嗯，假如我有這個問題，或許其他人也有這個問題。』」達沙羅在那年的萬聖夜，注意到加州的南瓜在雕過後很快就會腐爛。於是她開發出一種鹽水噴霧，可以保存剛剛雕好的南瓜，而那還只是一年365天其中一天想到的點子而已。

尚未解決的問題會讓我們焦慮。大腦就是利用焦慮，吸引意識關注還未能解決的事。然而，我們通常不會因為這個警訊就開始解決事情，反而會讓這個非常實用的情緒，抑制解決辦法所需的創意產出。當一個問題讓我們緊張，而我們又看不太出來該

如何解決時，我們就會利用各種令人分心的事物，避免去想這件事，延遲不舒服的感覺。很不幸的是，藉由瀏覽社群媒體喘一口氣，只會加劇深層的焦慮。這種迴避的習慣會形成負面的回饋循環，助長拖延症，使我們身心俱疲。我們是在和自己搏鬥，而不是和問題本身搏鬥。一旦有了可靠的問題解決法，告訴我們在面對不確定性時該如何處理，我們將更能駕馭焦慮，以恰當的方法運用焦慮的力量。

記錄的紀律

d.school有一句名言：「如果沒能捕捉下來，那麼事情不曾發生過。」

記憶並不如想像中可靠。人們向來高估自己能記住多少東西。即便才過了幾分鐘，還是容易忘光光。我們忘掉想到的點子的速度，更是快過忘記車停哪了、另一半想吃什麼外帶等等簡單的事實。

光是走到門口，就足以讓大腦拋掉工作記憶。[8]這就是為什麼你會走進房間拿東西，然後想不起來要拿什麼。這種遺忘也並非偶然發生。記住事情需要動用認知心力（cognitive effort），而付出這種心力有可能妨礙其他事，例如快速精確地搞清楚新環境裡每一樣東西的位置。大腦於是會拋掉不再有用的資訊。如果你不立刻用資訊做點什麼，大腦就會假設那個資訊不再有用，咻一聲丟進垃圾桶。

如果你想記住某件事，現在就寫下來，當場就做。拿出

筆，讓大腦知道你重視這件事。否則，就算等一下你還記得點子的主要內容，你也會忘了剛才想出點子的脈絡和細節，但那才是點子值得關注的必備元素。將事情立刻記錄下來是重要的創意習慣，我們稱之為**記錄的紀律**（discipline of documentation）。這是我們在d.school傳授的第一件事，因為這是其他所有事的基礎。

每一位定期與點子打交道的專業人士，都學會認真看待筆記的完整性。畢竟，如果你錢包沒有現金，還能到自動提款機再多領一點。每一筆金錢都具有同質性、可相互替代，但有的點子卻是一去不復返。再說了，要是一開始沒有最重要的點子，你又要如何賺錢呢？點子是你最寶貴的資產。科學家、工程師、數學家、作家、音樂家與設計師，往往會對他們的筆記變得狂熱又痴迷。文學家雨果的兒子表示，他的大文豪父親不論聽到別人講什麼，一律鉅細靡遺地抄錄下來，其中許多對話會被放進小說。雨果的兒子表示：「每一件事最終會被印成鉛字。」[9]現在市面上甚至有防水筆記本，可以用吸盤附在淋浴間的牆壁上。對創作者來說，**隨時**都能做筆記很重要。

在你的筆記中，不僅要記錄自己的點子，也該寫下有趣的名言、事實、故事、統計數據，以及其他未來可能派上用場的內容。至於要蒐集什麼，則要視你創作的內容而定，反之亦然：我們的創作會受我們的蒐集習慣影響。

電影導演林區（David Lynch）會用錄音機蒐集有趣又觸動人心的聲音，日後拍電影有可能用上。[10]按照林區的講法，這叫蒐集「柴火」（firewood）。他在撿柴火的時候，心中沒有特定的場景，甚至不是特地為了某部電影蒐集，只不過是儲備聲音的可

能性資料庫。凡是引發你興趣的事，都該儲存起來，留待日後派上用場。

在科學領域，必須用特定的方式做筆記。然而，對於我們大多數人而言，並沒有什麼標準的方法。也就是說，你得落實自己專屬的「記錄的紀律」。以下介紹兩點原則。

▌書寫空間愈大愈好

有限的書寫空間，也會限制你的思考。每當我們在做團體發想時，會想辦法找出現場最大的書寫版面。理想上，我們會為會議準備一排白板。你在家中或辦公室時，可以利用特殊的塗漆，把一面牆變成白板或黑板，我們有研究生就是這樣改造他們的宿舍房間。如果沒辦法利用一整面牆，那就用烤肉紙覆蓋桌面。你擁有的空白空間愈大，你的大腦就會努力用愈多的創意填滿。若要保存你寫下的內容，只需要用手機拍張照就能搞定。

在你的桌上，想辦法至少準備 A4 或 B4 大小的記事本——當然，如果可以，再更大會更好。小筆記本則只用於放口袋。

▌跳脫數位回歸紙筆

雖然你可以在電腦、手機、平板上做筆記，然而，總會碰上有些時刻，當你想出超妙的點子或洞見，但電腦剛好關機，或是當下不方便拿出手機。例如在開一場重要的客戶會議時，你不想讓人誤以為你在偷偷收信。寫在紙上比較安全，就算只是充當筆記軟體的備用工具也一樣。

※ ※ ※

更重要的是，發想點子的時候，目標要從聚斂型思考（convergent thinking）翻轉成發散型思考（divergent thinking）。不要聚焦於找到唯一的答案，而是盡可能想出各種方向。當你被困在日常瑣事裡時，很難做到這點。

我們輔導過一位蘇格蘭的銷售高階主管，他驚訝地發現，雖然實體筆記本不如手機上的筆記App方便，卻更能協助他進入正確的思維框架。那位主管告訴我們，不會一直被手機訊息通知打擾，有多麼讓人感到自由。此外他還解釋，手機會讓他侷限於現成的事物，筆記本則讓他探索可能性。

以上談的一切，有可能讓你感到多餘，甚至是簡單到不用說明。然而，如果你曾經因為臨時找不到筆而痛失好點子，就會知道做好準備的價值。在室內四處擺放書寫用品，也能鼓勵進來的人發揮創意。人們將感受到不一樣的氣氛，躍躍欲試。我們人的天性就是這樣，忍不住想要填滿空白的空間。

認真回顧

韋德林（Henrik Werdelin）是創業家與創投家（後面的章節會再詳細介紹他），他大約每隔十天就會用完一本大筆記本。此時他會仔細回顧，把最佳的內容抄在新筆記本的第一頁。「這樣一來，」韋德林告訴我們，「我最後得到的是上一本所有想法的精華版本。」此外，花力氣把舊筆記本的點子抄寫到新筆記本

上，還能證明他對那個點子充滿熱情，而後文會再談到，熱情是創意決策流程的關鍵指標。人一輩子能展開的事業，一共也就只有那麼多，因此定期以這種方式篩選點子，可以突顯哪些點子最符合韋德林的興趣、價值觀與目標。

把每個點子都寫下來還不夠，記錄的紀律還得搭配**認真回顧**（rigor of review）。有一句老話說：「好記性不如爛筆頭。」不過，如果你不曾回頭去看你寫過的東西，這句話便不成立。

當然，在執行專案的每一個環節，以及或許在尾聲的事後檢討，你會回顧針對這項專案的筆記。然而，如果某個點子還不錯，但沒有獲得重用，或是在專案過程中完全沒派上用場，那就保存起來。你可以把這類值得留存的點子，一起放進單獨的數位檔案，或是學韋德林在不斷篩選的過程中，抄在新筆記本上。這個點子庫將是未來的思考資源。

「問題與解決方案之間的連結，」史丹佛商學教授馬其（James G. March）告訴《哈佛商業評論》（*Harvard Business Review*），「很大程度要看兩者『到來』的共時性。」[11]對點子來說，時機就是一切。明日回顧點子的你，將不同於今日寫下點子的你。你在期間遭遇的經歷與問題，將深深影響你對那個點子的看法。上個月的頓悟，有可能已不再適用；但去年不經意的一個念頭，也有可能正好是你目前困境所需的解方。別忘了定期回顧筆記，過去和現在的你之間的交集，有可能帶來意外之喜。

如果你自有一套做筆記與回顧的方法，那就審慎地加以修改。我們在史丹佛大學的建議是，每星期回顧你寫下的所有筆記，把有意思的部份轉換成永久的紀錄，書面或數位的形式都可

以。接下來，在你的行事曆安排好時間，每季坐下來回顧這個檔案庫，趁此機會在你先前的想法與後來學到的事之間尋找關聯。如果發現或許有新的路徑可走，值得一探究竟，那就不要猶豫，立刻開始研究。

沒錯，每星期挪出10到20分鐘，每季花個幾小時，對忙碌的專業人士而言是不少的時間投入，但並不累人，而且投資報酬率相當不錯。

除了每季回顧一次之外，每當你面對新專案，尤其是超出舒適圈的時候，不妨拿出來瀏覽。不熟悉的挑戰會令人卻步，因為你甚至不知道從何著手。作家並非唯一會頭腦卡住、寫不出東西的人。翻閱筆記可使大腦的神經突觸活躍起來，當認真回顧成為創意實踐的固定步驟後，你便會開始倚賴先前的自己，做為建議和靈感的必要來源。

替行程表留空檔

你用同樣的方法做某件事，有多大的機率會找到有趣的發現？想學到新事物，就得嘗試新事物，而實驗永遠有失敗的風險。如果要定期冒這種險，則你不能強求一天中的每分每秒都要達到99%的效率。每一分鐘都試圖擠出最大的產值，對工廠的裝配線來講是好事，但不會有創意探索的空間。請給自己保留空間，冒珍貴的險。

凱勒・威廉斯房地產公司（Keller Williams Realty）執行長李伯特（Carl Liebert）會空出每週五當作緩衝期，他告訴我

們:「那是一個可供探索的廣闊空間。」在週五,他可能會讀一本書、詳細研究組織的某個面向,或是和公司的仲介一起外出,觀察他們如何與客戶打交道。「我會記下在週間沒空處理的事,」李伯特指出,「包括我想做、想學,或想完成的事。」李伯特週五不參加會議,當天只接緊急電話。最重要的是,週五讓他有機會思考、處理與累積點子的蓄水池──蒐集突破性思考所需的材料。

對任何公司的執行長來說,擠出時間都不容易,但李伯特學到,不惜一切代價捍衛自己的緩衝時間是值得的。如果有電話或會議纏著不放,他會挪到隔週,不會在星期五處理。(難以安排時間的事,一般都會被安排在星期五。)必要時,他甚至會犧牲週末時間。李伯特告訴我們:「我發現要打電話給潛在應徵者的話,挑星期六反而比較好,因為他們平日還在別的地方上班。」不論如何,星期五是神聖時間。「星期五是我的創意日,」他表示,「我會想辦法維護那一天。」

派瑞在擔任背包製造商 Timbuk2 執行長時,也領悟到類似的事。在某段形勢混亂的時期,Timbuk2 的董事暨 Timberland 的營運長普克(Ken Pucker)居然要派瑞所有的週五都休息。由於公司當時正處於困境,董事會成員居然向執行長提出這樣的建議,讓派瑞覺得很怪。

「好。」派瑞一口答應,「普克,我懂。該花時間思考。那天我不碰電子郵件,我會專心。」

「不是的。」普克回答,「我的意思是不要來辦公室。我要你星期五完全不要工作。如果你沒時間消化吸收你在星期一到星

期四學到的事,那麼你永遠不可能力挽狂瀾。如果你總是忙著滅火,怎麼可能替公司帶來新鮮的想法?星期五**完全**不要工作。」派瑞乖乖聽話。獨處時間讓派瑞得以從數百萬件不值得關注的事情中區分出重要問題。這個關鍵視角讓派瑞能夠看清局勢,帶著Timbuk2轉危為安。

眾所周知,Google給員工「20%時間」,讓他們在上班時可以研究自己感興趣的點子。數十年來,3M也為員工提供15%的時間,額度雖然較少,但仍相當可觀,讓他們得以從事自己喜歡的專案。史丹佛也提供每位教職員自由運用的時間,而我們永遠把這個緩衝時間用來處理企業的顧問諮詢工作。雖然算起來一年僅四十天左右,但那段時間讓我們學到最多東西。事實上,本書談到的所有故事,幾乎全都來自那段緩衝時間。就算只是偶爾來點不一樣的東西,也能有很大的收穫。

展開你的創意練習

當你模仿創意人士**做事**,你會開始**感到**不再那麼彆扭,有勇氣在工作中發揮創意,也鼓勵他人展現創意。此外,我們輔導的對象不論處於何種職位或產業,當他們養成相關習慣後,都能全方位體驗到更大的滿足與成就感。他們學會享受生活帶來的創意挑戰,而不是感到恐懼。習慣發揮創意後,你將更有信心一定能找到更好的解決方案。玩真心享受的遊戲所帶來的興奮感,將取代不熟悉的問題所引發的焦慮。

當你疏於創意練習,自然會感到點子很可怕,因為每個點

子都代表失敗的風險。雖然無視問題最終會比嘗試新的補救措施風險更大,但偏偏職場上是「多做多錯,不做不錯」。若領導者把今日的需求放在明日的必然結果之前,等嚐到短視的苦果後,他們可以責怪經濟、破壞性技術,或是怪對手太貪婪。只要看看任何表現不佳的上市公司的季度營收報告,就能找到這種消極逃避的例子。但另一方面,若你支持某個大膽的點子,結果卻失敗了,責任將全落在你頭上。

解決辦法不是避免創新,反而要加倍創新。創新型組織不僅會原諒失敗,還會預期遭遇多次失敗。如果你失敗的頻率不夠高,代表你需要把可能性填滿你的點子管線。你得有更多點子、更多實驗、更多反覆修改。當你站上本壘板,原本就有可能揮棒落空;然而,如果你整天都坐在冷板凳上,永遠不會有擊出全壘打的時候。雖然結局有時是擊出全壘打,有時是三振出局,但你將不再害怕站出去揮棒。

點子流最初的成長速度會偏慢,尤其是如果你這輩子大多數時間都不曾把自己視為創意人士。要對自己有耐心,先養成這些基本的習慣,**然後才**建議其他人也這麼做。如果同儕和下屬沒看見你寫下自己的點子,他們也不會安心拿出鉛筆。你要以身作則,別光說不練。

※ ※ ※

好了,你知道該怎麼自己練習了。接下來,讓我們來看幾乎所有人都用過的創意技巧:腦力激盪。除了極少數例外,每個

人都害怕腦力激盪，而且情有可原。事實上，有專家甚至主張，一起想點子永遠不會勝過同一群人各自在桌前發想。不過，接下來會帶大家看，如果方法對了，一起進行腦力激盪仍然是極為有效的方法，可以帶來五花八門的可能性。

第3章

團體腦力激盪

先有很多亂七八糟的點子，才會出現一個好點子。[1]

——凱文・凱利（Kevin Kelly），
《連線》（Wired）雜誌創始主編
暨《必然》（Inevitable）作者

    你的收件匣冒出語焉不詳的行事曆事件：公司突然需要突破性思考，你受邀參加。事情大概與下週的大型銷售會議有關，或是某個重要的新客戶，也可能是因為Yelp網站最近出現一堆負評。反正到底是為了什麼開會不重要，重點是你得出席。組織在事到臨頭、慌亂尋找點子時，永遠會找大家一起來，歡迎每個人貢獻解決方案——只要聽起來可行，而且對長官來說完全不會有風險就可以。

    腦力激盪的時間到了。

    這種大型會議照往例被塞進尷尬的下午時段，也就是每個人的腦子都昏沉空轉的時候；更糟的安排則是放在每個人都急著回家的下班時間。所有人心想：**為什麼我人要在這？**時間一分一秒過去，每個人看著手機顯示下班尖峰時刻塞車情況愈來愈嚴

重,表情也愈來愈難看。

管他是因為銷售數字疲軟、成本攀高,還是公關災難,如果有任何人知道該如何解決這次開會要解決的事,那就**不是**問題了,只不過是一項專案,交給合適的個人或團隊就好。唯有**看不到**解決問題的明確途徑,長官才會召集大家。別說答案了,連問題是什麼都不確定。說穿了,公司無計可施才會召開腦力激盪會議:「一定有人知道該如何處理這件事情,而那個人顯然不是我!」

還有什麼比被迫以這種方式「創新」更打擊士氣的嗎?考慮到在討論一個不熟悉的問題時顯得愚蠢或無知的可能性,說出任何雄心勃勃或不尋常的話都有其風險。最好還是閉上嘴巴,別人提出意見時,跟著附和就好。

如果你**真的**很想趕上回家的車班,最保險的脫身之道,就是指出這整件事以及未來五年的展望,在每一個層面全都缺乏完整詳細的資料。在使出這個典型的拖延戰術後,長官會踢皮球,把問題推給某個可憐的傢伙,交代他做**進一步的研究**。好了,大家可以暫時鬆一口氣,有一陣子不會再聽見這個問題。

但萬一附和或拖延都起不了作用,這下可好,你脫不了身了。如果你還想再見到家人,就得想出一堆點子。來吧。

公司的腦力激盪規則一:不講負面的話。你曉得最好不要指出點子的缺點,也不能講這**行不通**。執行長對於「不」這個字嚴重過敏。就算公司其實以前實行過這個點子,而且失敗了無數次,也永遠不要大聲潑冷水。

規則二:不要提議太大的事。將得執行你的點子的倒楣

第3章 團體腦力激盪　　75

鬼，不會想給自己找新的大麻煩，所以不要提出成功希望渺茫、聽起來又超級費力的做法，反而要以快速見效又平價為目標。在腦力激盪時間，拿下最高分的辦法，將是快刀斬亂麻：「為什麼我們不做〇〇〇就好？」結束了，你的任務到此為止。當有人提出簡單的脫身之道，在場的人都會明顯鬆了一口氣。**太好了！看來我們根本不需要這些為腦力激盪準備的便利貼。**

根據腦力激盪的邏輯，好點子的特徵包括(a) 易於執行；(b) 絕無失敗的可能性——即便方法是把標準設得極低，穿溜冰鞋都能滑過去。只要出現符合這些無趣標準的建議，會議基本上已經結束了。有時長官還會繼續徵求建議，多開個幾分鐘的會，彰顯自己廣開言路，但每個人心知肚明，大勢已定，就這樣了。

如果說想出幾個無關痛癢的小點子，感覺很累人又缺乏效率，的確是那樣沒錯。然而，依照我們的經驗來看，這仍是許多公司的標準做法。我們甚至還沒開始列出各種腦力激盪會失敗的原因，包括階級角力與地盤之爭、各懷鬼胎、不願放棄屬意的點子，以及不管別人說什麼都反對的同事等等。如果缺乏有效的防堵機制與指引，團體的腦力激盪將會引發每個人最醜陋的創意傾向。

還有別條路可走嗎？如果需要找更多人來解決問題，那就得把他們湊在一起，對吧？

數十年前，任職於廣告界的高階主管奧斯本（Alex Faickney Osborn）出版數本談創意思考的書籍，腦力激盪就此大受歡迎。奧斯本主張三個臭皮匠湊在一起後，將想出更多更好的點子。腦力激盪的本意是結合每個人在不同領域的知識、經驗與權

威,碰撞出新火花,從而移除瓶頸。然而,關於團體腦力激盪的研究一直都是時好時壞,說不準的。例如,1987年發表在《性格與社會心理學期刊》(*Journal of Personality and Social Psychology*)的一項腦力激盪研究後設分析便發現,幾乎沒有確切證據表明腦力激盪有其正向作用。[2]

如果說腦力激盪沒想像中有用,為什麼大家還是樂此不疲?就公司資源來說,團隊花一小時開會是不小的投資。佔用所有人的時間,最後只得出平淡無奇的結論,感覺不太有意義,但這卻是大多數團隊迫切需要點子時的反應。或許這麼做,為的是獲得精神上的支持?集體討論有可能減少團隊的創意產出,但責任可以分散出去。集體失敗總好過獨自承擔風險,這種解釋令人沮喪,但考量到多數組織對於創意和風險普遍抱持的心態後,便能理解這種現象。

奧斯本承諾的腦力激盪好處,其實還是有可能實現的。我們在d.school及全球各地組織傳授團隊創意發想方法。我們得出的結果,將不同於你經歷過的事。採用本章介紹的辦法,每位參與者都會變成核反應爐中的鈾235原子。當一個人提出點子後,這個點子會與其他每個人的知識和經驗碰撞,從而激發出新的點子。火花與點子不斷四處碰撞,突然間引發連鎖反應,產生創意的核分裂。只要好好安排與執行,待在會議室一小時帶來的大量發散型思考,其效果將遠遠超過所投入的時間和精力。

如果腦力激盪真能有效進行,哪一種形式的效果會「最好」——團體或個人?答案是團體加上個人。事實證明,極大化團隊創意產出的方法,就是輪流進行個人的點子發想與集體的點

子發想。過去有研究對照獨自腦力激盪、團體腦力激盪,以及個人與團體的混合模式,最後發現「混合做法」產出最多點子。[3]事實上,奧斯本在其書中也提過這件事,只是時間太久遠,這部份顯然被遺忘。

如果想得出最佳的結果,那就運用「創意三明治」法:先讓大家聚在一起,分享自己知道的事,看看會意外碰撞出什麼火花。接下來,大家回到各自的桌前,安靜思考先前的討論內容。最後再次集合,分享看法,並碰撞出更多火花。

創造力的陷阱之一,是社會心理學家庫魯格蘭斯基(Arie Kruglanski)稱之為「認知閉合」(cognitive closure)的心理需求:[4]如果會議桌上已有一至多個可行的答案,還要強迫自己暫時不去評估好壞,繼續想出新的可能性,我們其實會愈來愈坐立難安。強烈的直覺促使我們一旦手上**有東西**,便會覺得就是它了,因此太早切斷發想多元可能性的思緒。如果能中斷團隊流程,讓每個人有機會單獨思考,就能打破這種太早就認定點子的傾向。

如果你是自由業者、創業家,或是因為各種原因單獨面對創意問題,這種創意三明治法的用處甚至會更大。三個臭皮匠,勝過一個諸葛亮。正如同團隊應該包含獨自思考的時間,個人也該找機會在創意流程中與他人交流點子,不論是朋友、同事或另一半都可以。需要點子時,別忘了尋找助力。

不過,真的需要**這麼多**點子嗎?如果已經有幾個不錯的提案,還得繼續尋找嗎?畢竟一個問題最終只需要一個解答。為什麼不要一有答案就停止呢?

點子比率

成功的創意人士和大眾想像的不一樣,他們並不僅是想出好點子的人。相較於在場其他每一個人想出的點子,頂尖人士想出的任何點子,其實可行性與值得關注的程度,通常差不了多少。心理學教授西蒙頓(Dean Keith Simonton)提出「機率均等原則」(equal-odds rule),主張每個人的成功創意數量與整體創作的總數相關。[5] 你譜的曲愈多,你交出的優秀交響樂數量就愈多;你提出的數學定理愈多,其中具備開創性的就愈多。機率均等原則適用的領域,多到令人難以置信。

西蒙頓的研究(及我們的經驗)顯示,讓贏家脫穎而出的是**數量**。世界級的創新者通常比一般人提出更多的可能性。如果你想要更好的結果,那就在你的創新漏斗上方,放進更多能如何做到的點子。同樣重要的是,還得注意蒐集點子的時候,範圍愈廣愈好,把各種可能性都納進來。

究竟要多多少,才算「夠了」?到底得有多少點子,才能得出一個優秀的點子?根據我們的經驗,答案大約是2,000。沒錯,2後面加上3個0——2,000:1。我們稱之為「點子比率」(Idea Ratio)。

這裡要解釋一下,我們的意思不是要你走進房間,當場想出2,000個點子。創意是反覆修改的。我們所謂的每2,000個可能性將帶來一個成功的解決方案,指的是把整個創新管線中的每一種組合、變化、修正,全都算進去。

點子比率的概念,要歸功於我們的同仁蘇頓,他在任職於

第3章　團體腦力激盪　79

設計顧問公司IDEO時率先發現此一概念。蘇頓與玩具製造商合作時,得知對方的發明人在研究過4,000個產品點子後,才得出200個可行的原型,其中大約有12個原型被商業化。[6]在這12個上市的產品中,最後稱得上成功的只有2、3個。蘇頓辨識出這個模式後,便開始發現持續創造優異成果的人都與之相符。

我們把前述的數字除以2,四捨五入一下比較好記:如果要得出一個成功的產品,需要2,000個點子變成100個可行的原型,而這100個原型再變成5個商業化的產品。在這5個上市的產品中,有1個會成功。然而,如果要真正掌握2,000:100:5:1的意涵,不要以為我們只是在談玩具,甚至不只是所有產品如此而已。我們與各領域的創新者合作後發現,這個**比率**放諸四海皆準。

點子比率一再出現在成功創新的個案研究中。舉例來說,全球最大的墨西哥餐飲品牌塔可鐘(Taco Bell)的洞見實驗室,開發出賣翻天的多力多滋餅皮玉米卷(Doritos Locos Tacos)。[7]方法是先從30道左右的核心食譜起步,接著延伸至「未知的變化」,而且每一種口味都需要試吃。那麼產品開發經理高梅茲(Steve Gomez)在找到改寫業界歷史的產品前,試吃了多少種口味?高梅茲告訴記者:「如果我告訴你實情,說我試吃了數千種,你大概會覺得我太誇大了。」然而,塔可鐘正是因為點子流,在速食界被視為創新巨擘。資深產品經理葛西亞(Kat Garcia)告訴記者:「我每個月寫下50個概念點子。」(葛西亞發明出各式各樣的產品,包括廣受歡迎的雙層塔可〔Double Decker Taco〕。)「我們在籌劃階段,一年會嘗試300至500個

點子，再大約篩選出20或30個能上市的。大量的點子則被丟到一旁。」

怎麼有可能做到量那麼大？答案是靠流程。健全的創新流程能解釋何以蘋果、皮克斯（Pixar），以及塔可鐘等企業，即便高度優秀的人才來來去去，公司依然能有穩定的表現。與此同時，其他的企業即便想方設法延攬、留住頂尖人才，也很難持續推出大受歡迎的新產品。（有人還記得串流新創Quibi是什麼嗎？）直覺加上經驗可以成就偉大的事業，但經不起重擊，無法讓人仰賴。流程讓點子比率不僅可行，還能持久。

正確的流程包括在不加評價的前提下，盡量產生最多的可能性，也包括持續把可能性放進篩選與驗證的管線（這部份我們會在下一章詳述）。總之，點子的**流動**是關鍵。我們需要的是點子流，而不是點子池塘。請運用你從實驗中學到的事，想出更多的可能性。當未經雕琢的點子與具體的數據產生交集，將會出現坐在會議室裡永遠想不到的洞見。有系統地遵循這種做法，當你完成時，就能輕鬆得出兩千種變化。

2,000這個數字有何神奇之處嗎？其實不盡然。在某些產業，這個數字甚至更高。根據我們任職於日本製藥公司衛采（Eisai）的朋友艾貝（Wolfgang Ebel）的說法，這間公司放進解決方案漏斗的點子數量，更接近1至2萬。創業家暨發明家戴森爵士（Sir James Dyson）曾談到，在嘗試過5,127個**原型**後，以他的名字命名的無袋吸塵器才問世。[8]（更不要說究竟動用了多少點子，才得出5,127個原型。）至於在其他領域，點子數量與成功結果的正確比例，也有可能「僅是」500：1，或1,000：1。

第3章　團體腦力激盪

每個領域的確切數字不一樣，但正確數字**不會是**2、10或20。想出**好點子**的祕訣是，想出**多很多倍的點子**。經過練習和實驗後，你將得出最適合自身情形的點子比率。在這段時間裡，你可以比平時花更長的時間來構思點子。等測試與驗證過點子後，你很快就會發現，**任何點子**都只是一個起點、一個火花。有的點子聽上去完全可行，結果在真實世界卻寸步難行；有的點子則看似不切實際，甚至是痴人說夢，但你嘗試後卻發現，稍微調整一下就能成功。

有句話值得再講一遍：若想讓數量大增，就要放鬆對品質的期望。你已經從點子額度練習中學到，產生大量點子需要一個不作評價的空間。你會發現，任何新點子的價值大多在於帶來靈感，激發他人想出更多點子。記住，目標是引發創意的核分裂。

拉莫特（Anne Lamott）在《寫作課：一隻鳥接著一隻鳥寫就對了！》（*Bird by Bird*）一書中敦促寫作者接受一個事實：初稿往往很糟糕。先有糟糕的初稿，才有「好的第二版草稿，然後有極好的第三版草稿」，這種事很常見。新手作家通常會卡住，因為他們期待一下筆就能寫好。然而，對反覆修改的需求絕非藝術所獨有。愛迪生便以反覆構思最終產品而聞名，他有一句經常被引用的名言：「我沒失敗，我只是找到一萬種行不通的方法。」愛迪生的原話稍有不同，但值得留意。當時他研發某款新電池好幾個月了，朋友見到他的時候，他身旁堆放著無數失敗的樣品殘骸。

朋友問愛迪生：「你做了這麼多的工作，最後沒得出任何結果，不是太可惜了嗎？」[9]這位大發明家回答：「結果？你在說

什麼？我得出大量的結果！我找出了好幾千種行不通的材料。」愛迪生把失敗的嘗試視為**結果**。想出成千上萬個點子需要持之以恆的精神,不過愛迪生除了倚靠鐵的紀律,同樣重要的是他樂在其中。愛迪生**喜歡**創造、測試各種可能性。如果每次點子沒成功,愛迪生就痛苦到用頭去撞工作檯,他便永遠無法堅持到底找出解決方案。愛迪生是靠著以下心態,才得以發明出大量獲致商業成功的產品:他沒把每一次的再度嘗試視為失敗,而是往前邁向成功的一步。

為什麼人們會太快停下

依據我們的經驗,典型的腦力激盪時間頂多只能產生屈指可數的點子數量。接下來,只要出現一、兩個可行的選項,大家繼續討論下去的熱情就會瞬間消散。在你意識到這一點之前,討論的方向已轉換到執行。前一分鐘,每個人還在拋出點子;下一秒,大家已經在草擬預算、分配各自的任務。

就連一般很聰明的成功領導者,即便處理目標龐大的大型專案,他們也會以為這麼少量的點子發想就夠了。在他們看來,花一小時想出八、九種可能性,已經算是充分運用60分鐘。某大型銀行的團隊曾經問我們:「我們應該向董事會簡報這六種新事業的哪一個?」六種!每一種新事業都將耗費大型團隊數個月的時間,以及投入七位數字美元的投資。只要再多堅持個幾分鐘,就能想出第七種可能,但結果呢?團隊自信滿滿地在想出第六個點子後,就收工解散了。

萬一正確的起始數字不是6，而是很遙遠的600，那麼我們該如何彌補這兩者之間的差距，才能讓人們**以為**自己需要的點子數量，跟上能帶來世界級結果的點子數量呢？首先，利用所有可用的時間，會有所幫助。我們在史丹佛的教學中發現，即便是專業的創業人士，通常也會在規定的時間結束前，就停止發想點子。在大多數情況下，人們在第一個好點子被提出的那一刻就會錨定（anchor），一旦發生這種現象，現場的氣氛就會改變。團隊在剩下的時間等於是在確認，他們鎖定的那個點子的確是好點子。**各位，我們很確定今天的贏家出爐了。**

　　你不能只是想出八種可能性，接著回頭去看你最喜歡的第三種，然後因為覺得不行而換成第四種，就此得出能拯救公司的策略或劃時代的產品。然而，缺乏健全的腦力激盪流程時，總會發生這種狀況，其背後的原因如下所述。

▎壓力

　　即便問題不是很急，不需要當下就有解決辦法，小組花的每一分鐘腦力激盪時間，也都是一筆重大投資。如果在場的人不懂量與質的關聯，一旦出現一個好點子，你還堅持要大家繼續發想，你就會被當成完美主義者，無端浪費所有人的時間。當多數人已經形成共識，還有人繼續拋出新點子，就會惹火其他人。如果你很重視同儕的評價，你將學會一旦有人提出還過得去的點子，就識相地閉上嘴巴。這時檯面上已經有可行的選項，不知該如何是好的焦慮已經減輕，每個人都放鬆下來。此時或許還會有人敷衍地拋出幾個額外的可能性，但在剩下的會議時間，大家將

明顯傾向於支持剛才那個點子，急著就這樣決定了。

創意懸崖

另一個會造成影響的認知偏誤是「創意懸崖錯覺」（creative cliff illusion）。[10]這個現象的發現者是心理學教授盧卡斯（Brian Lucas）與諾格倫（Loran Nordgren）。兩人的研究發現，人們在腦力激盪時會感到創意「被用完」。然而，不同於耐心、意志力等其他認知資源會隨著時間耗盡，你在發揮創意時，創意其實會穩定存在或增加。

由於創意懸崖錯覺的緣故，人們會在時間到之前就停止發想點子。事實上，在最值得留意的點子出現之前，人們就放棄了。然而，無視腦中喊停的聲音、堅持繼續發想後出現的點子，通常會是最好的。

這無關天賦，而是與預期有關。盧卡斯與諾格倫發現，人們對於創意的看法——例如他們是否（錯誤地）認為，一開始出現的點子最好——與他們進行創意發想任務的堅持程度相關。換句話說，了解創意懸崖錯覺有助於破除錯覺。

不過，沒有流程的知識是不夠的，因為相關偏誤很難破除。如同教練能協助你突破你以為的體能極限，創意流程能協助你克服創意懸崖。等一下會再談，唯有在你提出所有明顯的方案後，最好的點子才會開始浮現。你最意想不到、最不尋常、最前所未有的提案，正在那道假想中的懸崖後方等著你。

定錨偏誤

第三個限制點子流的因素是「定錨偏誤」（anchoring bias）。[11]這種偏誤最早由行為經濟學的關鍵先驅特沃斯基（Amos Tversky）與康納曼（Daniel Kahneman）提出，意思是人在做決定時，容易抓著最初的參照點或錨點不放。舉例來說，如果你請一群人評估某件物品的大小，第一個猜測會對其他人造成帶風向的效果——即便最初的評估錯得離譜。最初的數字會成為焦點（focal point），宛如黑洞的事件視界（event horizon）*，讓其他參與者在認知上難以逃脫。雪上加霜的是，即便每個人都意識到這個定錨偏誤，該效應照樣會影響到大家的猜測模式。

定錨偏誤會在不知不覺中產生重大影響，在運用創意解決問題的過程中扮演舉足輕重的角色。在腦力激盪期間出現的頭幾個提議，將不免影響後面出現的點子。[12]即便是經驗豐富的創意人士，也會被定錨效應左右，不自覺地讓自己其他所有的建議都與先前出現過的相關，無法讓開發流程完整觸及可能性的光譜。這就是為什麼我們需要系統性的流程，以防止錨點形成。

定勢效應

假設你抵擋住壓力，時間長到足以飛越創意懸崖、跳過錨點等阻力，你依然需要克服最後的關卡：心理學家數十年前便觀察到的「定勢效應」（Einstellung effect）。當一個可能的解決方

---

* 編按：事件視界是分隔黑洞內外的界線。包含光線在內的任何事物一旦越過事件視界，便無法脫離黑洞的重力場。

案妨礙你看見其他可能性時，定勢效應就會出現。解決問題的方法千千萬萬種，但當你只朝一個方向想問題的時候，將看不見其他所有選擇。

如果你曾經玩過找單字的遊戲，發現自己一遍又一遍注意到已經找到的字，那麼你已經熟悉定勢效應的威力。大腦一旦看見可以穿越迷宮的路徑，就很難忘掉那條路去思考其他走出迷宮的方法。

畢拉里（Merim Bilalić）與麥克勞（Peter McLeod）利用眼動追蹤攝影機，在一項創新的西洋棋手研究中，證實定勢效應。[13] 即便棋手堅稱在解棋的時候，自己會掃視整個棋盤，但實際上他們只要先前看過類似問題的破解法，他們的視線就會一直按照相同的模式走。即便以前看過的走法無法解決眼前的新問題，棋手仍舊無法跳脫舊思路，完全沒意識到自己是在兜圈子。

定勢效應解釋了為什麼一個人關起門來發想點子，效果會比較不理想。若要徹底梳理一遍所有的可能性，我們需要其他人協助我們跳脫窠臼，因為我們甚至不會意識到自己落入了固定的模式。

解決難題的簡單方法

如果要勞師動眾召集一群人共同解決問題，我們會期待投入時間與精力後，將獲得**數量最多的可能性與最多元的點子**。

腦力激盪會議的產出，理應完整反映出所有在場人士的經驗、背景和思考風格。每位與會者都有機會充分參與，而非只有

熱愛發言的人講個不停。

以下指導方針已經過實證，能有效應用在產業與規模各異的組織。即便是遠距工作或「遠距加上辦公室」的混合辦公模式，今日也有五花八門的線上工具特別設計給虛擬會議，任君挑選。你可以搭配數位白板與像素構成的便利貼，輕鬆改造以下介紹的方法。最棒的是，萬一碰上不好好待在辦公桌前、拿著洋芋片在會議室附近閒晃的傢伙，你也永遠不會被干擾。

召集正確人選

領導者通常會不管三七二十一，把所有人都找來開腦力激盪會議，畢竟人多好辦事嘛。雖然後面的章節會談到，集合多元觀點能刺激發散型思考，但前提是要先仔細想好該怎麼做。經過精心挑選的出席名單，將有助於確保腦力激盪會議的成功。然而，如果只是隨便找人參與，最後會變成兩群人在開會，一群是核心團隊，一群是無法帶來有效貢獻的圈外人。不清楚來龍去脈的圈外人，反而會徒增核心團隊的困擾。他們若不是提出完全不可行的點子，不然就是害怕貽笑大方，始終保持沉默。

下次你需要點子的時候，請抗拒誘惑，不要急著寄副本給全公司。小即是美，3個對問題有深入見解的人，就足以帶來腦力激盪的好處。超過6人參加時，長長的會議桌旁，只會變成每個人和聽力範圍內的幾個人互動而已。（如果參加腦力激盪的人數超過6人，請按照以下的辦法，將他們分成3到6人的小組。）

出席的每一個人都應該具備足夠的相關經驗和專長，有辦法提供有根據的貢獻。當然此處並非意指每個人都該來自同一個

部門。第7章談尋求不同觀點時會提到，開會時邀請職務相當不同、**但清楚你碰上的問題**的人士，用處將非常大。

此外，我們也不是在說，新手的觀點會幫不上忙。你可以歡迎新鮮觀點加入討論，只不過要想好為什麼要特地這麼做、目的是什麼。不要只是一時想到，就拉一群實習生來參加。

納威司達（Navistar）公司的電動公車業務曾經遭遇困境，需要突破性的思考。不幸的是，最熟悉這個問題的員工採取守勢，只提出漸進式的改善。這回，太熟悉問題反而成為障礙。領導者為了解決這種情形，召集組織各部門的員工，在簡報問題後，給大家一天時間集思廣益、盡量多提供點子。這些新手由於沒有專案的既得利益，因此能有格局進行更廣的思考，他們一共想出60個不同的點子，最後從中得出解決方案。

第7章會再詳談，運用新手的觀點乃是屬於克服組織惰性的進階方法。在大多數情況下，你召集一群人是為了完整利用各種經驗與專長。

蒐集初步建議

期待人們在團體中都能踴躍發言，這種場子其實比較適合外向者。此外，身處團體中時，每個人也更容易受到定錨效應影響──最先出現的頭幾個建議會有定調的效果，引導接下來的每一個點子，從而限制最終的範圍。在你讓所有人齊聚一堂之前，先提示這次的問題是什麼，請每個人事先至少準備2個點子。這些最初的提議將成為點子發想的種子，並防止潛在的定錨偏誤，確保能探索最廣泛的可能性。

理想的提示通常會採取「我們能如何＿＿＿＿？」的問題形式，例如：「我們能如何協助顧客更容易在我們的行動 App 上找到產品？」（第9章會再細談如何制定有用的提示。）我們 d.school 在腦力激盪與進行許多其他的活動時，會先建立「鷹架」（scaffold）。鷹架是一種可以重複利用的模板，每當我們要做練習時，就能拿出來用。團體腦力激盪的鷹架，有可能是先問：「我們能如何＿＿＿＿？」，接下來再提示：「根據你本身獨特的經驗和觀點，你會推薦什麼樣的新方法？」如果參與者不清楚某些脈絡，你可以提供基本的細節。接下來，留下10個以上的空格，鼓勵至少要提出2個建議。

相較於寄電子郵件通知大家，分發附有清楚指示的紙本鷹架，更能鼓勵大家參與。此外，有效的鷹架可以改造後重複利用，所以別忘了儲存檔案。

在理想的情況下，在每位參與者出席一起討論鷹架之前，最好能給他們一個晚上的時間醞釀。但如果很緊急的話，午休時間也足以快速寫下幾種可能性。總之，先給大家一點時間準備，效果絕對會好過莫名其妙被抓上陣。

用暖身活動導入正確心態

如同預備和網球搭檔上場比賽，在腦力激盪前，大家先一起花個10到15分鐘暖身一下。暖身活動能提振參與者的精神，也有助於拋開成見、放下原本屬意的點子。此外，暖身活動也能協助團隊轉換心境，跳脫平日工作時的保守聚斂型心態。

我們平日工作時，主要會留意錯誤、降低風險、解決混

亂，且不偏離正軌。一起發想點子則需要不同的運作模式，此時我們要的，不是收斂成一條前進的道路——消除變化、減少風險、做出決定——反而要盡量發散，在可用的時間內，盡可能想出更多的潛在探索方向。

我們向一群日本的高階主管說明這個差異後，有一位主管提出新鮮的詮釋：「在發散思考的時候，可以提出任何建議；在聚斂思考時，則得**負責任地**思考。」英語母語人士可能不會暗示創意思考在某種層面上不負責任，不過這種詮釋聽起來也沒錯。在工作時拋出瘋狂或有風險的點子，**的確**會令人感到不負責任。不論是為了公司的資源著想，也或者單純考量自己的名聲，我們都想當優秀的管理者。然而，在創意的脈絡下，我們需要平日之中永遠不會出現的新思維。也就是說，你得在那段特定的時間，允許自己「不負責任地」思考。套用優秀的創意專家暨風景畫家魯斯（Bob Ross）的話來說：當你採取發散型的心態，將再也沒有所謂的錯誤，只有「開心的小意外」。

理想的暖身練習能協助定調，在不知不覺間設下創意參與的規則，例如晚一點再評判、追求大量的點子、避免長篇大論，以及延伸其他人提出的點子。你可能對常見的破冰活動很熟悉，例如模仿彼此的動作，或是剪刀石頭布比賽，只要是能讓身心動起來的事都可以。不過，就我們的經驗來看，最好的暖身，其實和腦力激盪時間做的事情相同，只不過是低風險的版本。

舉例來說，如果你希望找出辦法說服顧客，不要在每次App有新版本時才購買，而是轉成每月繳交訂閱費，那麼暖身活動就讓團隊做類似的挑戰：我們能如何說服艾倫的孩子吃青菜？

如果團隊不是很熟悉這種練習,那就先從一條規則開始:不管出現什麼點子,每個人都要加以否決:

「或許我們可以打碎蔬菜,混進冰沙裡?」

「那樣不行,你得用烤的。」

「用烤的不行,太花時間了。用沙拉醬蓋住就好。」

練習一、兩分鐘後,請大家改成不管出現什麼點子,都要表示贊同,還要延伸彼此的點子。這次要運用即興創作的口訣:「是的,而且⋯⋯」(yes, and⋯):

「是的,而且要用低卡路里、有機的沙拉醬,這樣更有益於健康。」

「是的,而且你甚至可以提供兩種不同的沙拉醬,讓他們二選一,這樣他們會覺得更有自主權。」

以此類推下去。最後在暖身活動結束時,詢問每個人是否留意到,從「否定」轉換到「肯定」後,討論有所改善。沒必要否定點子──我們尚未抵達篩選點子的環節──否定會打斷點子流。說出「是的,而且」,則可以鼓勵參與者利用別人提出的點子,當成發散的靈感,刺激出新方向。這裡的目的,同樣是要讓參與者進入正確的心態。

分組與指定主持人

如果團隊人很多,那就分成3到6人一組。就像婚禮企劃在安排座位一樣:盡量打散原本就認識的人,追求最多元化的觀點(並盡量減少任何干擾)。多元化不僅要考慮年齡、種族、性別,也要考量職務、部門與位階。把關係畫在紙上,或利用電子

試算表來一場洗牌。所有人都有組別後，替各組指派一名主持人。若有必要，花1分鐘教主持人使用以下方法。

小組主持人在會議開始時，先分發簽字筆和便利貼給每一位組員。理想情況下，最好能有各種顏色的便利貼，一種顏色代表一個人，如此便能識別出每個人的貢獻。此外，最好每個人伸手就能碰到白板。這樣的小組空間安排，將能凸顯每一位團隊成員的機會是均等的，人人都能說出自己的想法。

很重要的一點是，即便的確是由主管來擔任主持人，主持人並未高其他人一等。（發想點子時，並不存在職位和位階。如果因此必須拿掉識別證、臂章，或其他看得見的位階標誌，那就拿掉吧。）主持人只不過是負責主持，確保每個人都認真投入，並留意大家的興致高不高昂。

主持人檢視小組的鷹架，挑選5、6個刺激點子發想的種子。由於目標是盡可能想出最多元的解決方案，因此小組的每位成員至少都得貢獻一個點子。此外，主持人還必須想辦法平衡新穎程度與可行性，完全脫離現實的東西所導出的可能性，將會太瑣碎或太不尋常，無法派上用場；太明顯或太平凡的東西，又會讓討論停留在低階層次。

把種子寫在白板上，每一個點子都寫在每一欄的最上方。好了之後，是時候認真開始了。

設定步調

通常我們會投入一小時進行這樣的小組會議，包括10到15分鐘的暖身活動。如果需要更長的時間，那就拆成一小時以下的

數個時段。在每個小時結束前的5分鐘匯集點子，來一場快速的回顧討論。

　　按下計時器後，主持人歡迎大家多多提供從白板第一欄的種子所激發的點子。與會者在貢獻想法時需要做幾件事：(a)寫下自己的點子；(b)大聲唸給團隊聽；(c)貼在適當的欄位。進行一段時間後，主持人在鼓勵每個人踴躍貢獻點子之餘，自己也要提出點子──永遠重量不重質。

　　如果事情進展迅速，我們就無暇仔細評價自己的點子，所以要保持閃電般的輕快步調，讓所有人都沒時間自我懷疑。在整個會議過程中，主持人要不斷提醒大家，暫時不要評論某個點子好不好。此時要做的事，只有接在彼此的點子之後不斷延伸。此外，要不停打斷任何一致認可的趨勢，不要讓某個點子成為「贏家」；不要讓任何人帶風向，導致團隊的點子朝著特定方向走。重點不是我們如何看待任何特定的點子，而是讓每個點子協助我們想到下一個點子。

　　隨著欄位中的點子逐漸增加，請留意便利貼的顏色。「比爾，白板上沒看到綠色便利貼。快快快，你也要貼啊。」盡量讓每個人都參與，充分利用團隊的多元性。如果總是小組中的某一、兩個人在提點子，那就安排發言的順序，一個一個來，確保每個人都能提出點子。雖然通常不需要這樣硬性規定，但有時人們除非知道下一個輪到自己，要不然不會發表意見，虛擬會議尤其容易發生這種情況。同樣的，記得持續提醒大家使用手上的簽字筆。還記得嗎？如果不寫下來，就等於沒發生過。「那個點子太棒了，比爾，但請寫在便利貼上，貼到白板上！」（你可能得

一再重複這句話。)

　　想點子就像在微波爆米花。一開始的時候,只有一、兩個直觀的點子會一下子「蹦」出來。接下來,等明顯的方向都被討論完了、克服了創意懸崖,點子會開始更為穩定地接連跳出來,然後愈爆愈多,往各種方向飛散。等到點子完全停止蹦出來時(一般會歷時5、6分鐘),主持人就引導大家往下一欄進行。此舉既能維持高昂的興致,又能讓小組在規定時間完成所有欄位。一共有6個欄位,若能每個欄位花上6分鐘,那麼在設定的一小時腦力激盪時間內,就能有充分的時間開頭暖身,最後還能做一下總結。

捕捉、沉浸、重組

　　在會議尾聲時,召回所有的小組,一起花5分鐘討論成果,以及成果代表的意涵。千萬別忘了替所有的白板拍照。最重要的是,絕對不要試圖判定哪些點子看起來最有希望。等一下會談到,我們不太擅長作這類判斷,尤其是在發想當下的時候。

　　接下來,交代小組成員一項明確的任務:「請各位散會後繼續思考這個問題,以及剛才大家一起想出的解決方案。」你可以如此解釋原因:「最新穎的思考,有的會在我們散會後才出現。下次開會時,我們將決定如何前進,每個人都可以分享在此期間新想到的洞見和點子。」

　　散會前,計算每個小組想到的點子總數。舉例來說,得知有小組在60分鐘內想出幾百個點子,將帶給每位參與者不可思議的激勵效果,凸顯出花這個小時的投資報酬率有多高。

一段時間過後，你對於自身工作的點子比率為何，將培養出正確的認知。那個比率將成為每次都必須達成的目標。別忘了，創意懸崖錯覺會在我們還能繼續發想的時候，一直告訴大腦我們再也想不出點子了。但知道點子比率是多少後，我們的預期將有所改變，下一次更容易堅持久一點。

＊　＊　＊

有了這個簡單的系統性方法後，一小時能做的事，將遠超過先前的想像。你不會一下子就有兩千個點子，但你將可以從數十個甚至是數百個點子起步。此外，你會開始發現，透過實驗產生的資料有可能成為靈感，讓你邁向兩千個點子。

你可以利用競爭（記得要良性的），助結果一臂之力。如果有好幾個小組，那就比賽哪一組能想出最多的可能性。也可以挑戰每個小組每次前進到新的欄位時，勝過自己先前想到的點子數量。記住，目的是增添樂趣。不妨將此處的競賽想成慈善募捐的馬拉松，而不是美蘇的冷戰對決。

本章的最後一項建議，來自我們的朋友克萊恩（Dan Klein）。克萊恩是史丹佛即興劇團（Stanford Improvisers）的團長，他主張不必試著有創意，勇於做顯而易見的事就可以了，因為某個人覺得「顯而易見」的事，其他人可能感到新奇，甚至帶來靈感。講得再白一點，世上沒有「不言而喻」的事。還記得核反應爐裡四處亂竄的創意中子嗎？與其試圖想像超出你自身現實環境的事，還不如馬上說出你想到的，然後看看會引發什麼樣的

連鎖反應。我們要勇於點出明顯的事，並相信團隊會很出色。

　　團隊合作的主要好處就在這。愈激盪，愈能產生好點子，這就是為什麼我們不做閉門造車的事。有一群人的時候，沒有單獨一個人需要辛苦擔任創意英雄。大家一起放鬆心情，拋出各種點子，在前進的過程中彼此碰撞出精采的火花。

　　當發想會議結束時，興奮感退去，務實的時間到了。純粹追求大量的點子而不去判斷好壞，的確很好玩，但不是說要靠數量來帶動品質嗎？腦力激盪的參與者最後一定會問：「我們要如何知道，在我們想出的點子中，是否有任何**好點子**呢？」下一章會開始回答這個問題。當你在真實的世界中建立了驗證點子的創新管線，實驗結果將激發更多的創意思考。與其憑空規劃出一條路徑，然後盲目地走到底，還不如一邊感受、一邊前進。

　　團體腦力激盪是解決點子問題的寶貴工具，但產生點子並非只是在一項計劃開始時才會做的獨立活動。在整個創新流程中，將一次又一次出現「測試、修正、進一步探索」的循環。唯有當你達成目標——或是你放棄那個方向，轉而尋找機會更豐富的礦藏——循環才會停止。

第4章

打造創新管線

我們試著以最快的速度證明自己錯了,因為那是帶來進步的唯一方法。[1]

——理察・費曼(Richard Feynman)

　　矽谷銀行(Silicon Valley Bank,簡稱SVB)是一家總部位於加州聖塔克拉拉(Santa Clara)的大型商業銀行,自1983年開業以來,營業重心就放在高科技新創公司這種地方特產。今日的矽谷銀行是全美最大型的銀行之一,業務範圍遍及全球各地。然而,儘管規模龐大,矽谷銀行的成功與否,科技與創投(也就是創新)依然扮演著至關重要的角色。執行長貝克(Greg Becker)急於刺激成長,2016年邀請我們與行內寄予厚望的主管合作。貝克從組織的各部會找人,一共召集九個團隊,使其各自探索一個潛藏機會的策略性領域。

　　平日與新團隊合作時,我們通常會為了教學目的,採用一個假想的專案。由於貝克已經設定九種策略領域,我們決定就從其中一種起步。我們認為新創公司的債務融資業務是理想的示範

案例，與矽谷銀行的核心業務十分相關，於是要求團隊尋找創業者如何借錢成立新事業的方法。這類型的顧客期待什麼樣的條件？他們一般會遇到哪些問題？矽谷銀行能如何讓旗下的債務融資服務變得更吸引人？這些問題的答案將有深遠的影響。

我們向團隊解釋前一章介紹的點子發想流程後，將所有人分成九組，並讓他們分頭進行。每個小組有三天的時間構想點子、製作概念原型、蒐集用戶回饋。在第三天的尾聲，九組人馬聚在一起分享結果，並由最終會實際負責處理這個問題的團隊，擔任這次的評審委員會。他們將選出最前景可期的提案，再做進一步測試與驗證。

儘管投資組合的審查評估有好的開始，但愈來愈明顯的是，評審團重視風險規避的程度，高過點子帶來的好處。在簡報的尾聲，評審團站到眾人面前，宣布他們的選擇。如同我們所擔心的，最後中選的是風險最低、最無趣、前景最有限的選項。意識到同仁得知結果後的反應不如預期，評審團不敢置信。我們請大家舉手表決。我們問：「除了評審團之外，還有誰要投給這個點子？」眾人停頓了一下，最後四十人中有兩人舉手。

「**真的假的**，你們不選這個？」一位評審驚呼。

「真的假的，**你們要選這個**？」群眾中有人反問。

評審團的每一個人都認為，他們挑了再明顯不過的贏家。然而，其他同仁卻不這麼認為。這究竟是怎麼一回事？

為什麼挑選很難

我們都認識那種人，在觀看美式足球超級盃比賽時，會對著螢幕大吼「正確的」動作。每個領域都有那種紙上談兵四分衛，喜歡放馬後砲……然而要是做錯決定的話，他們根本不必承擔後果。

這未必是件壞事，因為如果你知道自己必須面對某個決定帶來的結果，思考時將不免糾結在那方面。牽涉到自身利益時，眼前的選項會看起來不太一樣。如果接下來發生的事，將由你承擔責任，你會本能地縮小思考的範圍，變得短視。或許在旁人眼中，答案太明顯了：朋友應該離職，因為工作環境太糟糕，他們正在害自己英年早逝。然而，如果是你自己有一份不理想的工作，到底該怎麼做，你就無法看得那麼清楚了，辭職甚或轉換跑道所耗費的力氣和風險都會顯得大多了。你可能會再想一想，或許上司也沒那麼豬頭。責任是你在扛的時候，你很難有大格局的思考。

從矽谷銀行的舉手表態，便能看出這樣的張力。如果你不必擔心後勤、風險，以及需要耗費的心力和時間，為什麼思考格局要這麼小？現場有不少實實在在的新鮮點子，激起每個人的好奇心。每一個點子的驗證都需要真實世界的實驗，但這些點子潛力十足。即便證實行不通，探索也將帶來值得留意的方向。

為什麼矽谷銀行的評審團會選擇最缺乏潛力的點子？因為那是清單上最可行的一個。我們生來就是要避開劍齒虎，而不是在舊金山灣區的銀行，盡量挑出最具成長潛力的債務融資計劃。

「損失規避」這種認知偏誤再度發威,當我們處在危險中時,風險的重要性高過獎勵。此外,在壓力下,大腦會更仰賴直覺,也難怪會出現直覺式的決定,事後再用邏輯和理智來美化,解釋認知偏誤帶來的決定。

評審團的成員是真心感到應該挑選最安全、最無趣的點子,也因此眾人的反應嚇了他們一跳。從情感層面來看,他們鎖定不會出錯的選項:他們心裡清楚,挑這個點子的話,只要花費一定程度的力氣就能達成目標,又可維持現狀。情感需求被滿足後,理智才跳出來解釋,說明這是正確的商業做法。正如我們在史丹佛大學的好友希夫(Baba Shiv)教授所言:「大腦的邏輯思考部份,擅長替非理性的決策合理化。」

由於預想中要耗費的力氣和牽涉的風險,將妨礙人們進行大格局的思考,因此減輕壓力負擔能有所幫助,方法是建立測試點子的管線。驗證過程能讓點子有出口,而非只能掉進「Yes」或「No」兩種桶子。當你聽到「測試」兩個字的時候,不要想成企業官僚體制的昂貴「先導計劃」,而是當成高中自然課那種陽春版的實驗就好。只要一小時就能從假設導出結果,然後去吃午餐。

你在挑選要測試的點子時,不必想著要完整執行,只要快速測試就好。這種心態能讓你在評估點子的時候,只考慮優點。建立驗證點子的管線是維持點子流的關鍵。如果唯一能走的路,就只有取得成本高昂、令人焦慮不安的放行許可,那麼大多數點子都會讓人感到風險太大、必須投入的資源太多,根本不值得考慮。這就是為什麼你最有雄心壯志的點子往往會無疾而終,因為

你會不斷找比較簡單、風險較低的點子來執行。一旦你的創意腦意識到這種僵局後，通常會停止發想大點子。

以色列的死海是著名的鹹水湖，但北方90英里處的加利利海（Sea of Galilee）卻是淡水湖，支撐著多樣化的生態系統。雖然兩座湖的水源都是約旦河，但沒有出口的死海成為一潭死水，而加利利海則供應著以色列10%的用水需求。**流動**是生命與活力的基本要素，而低風險的點子出口能讓創意恢復流動。如果我們陷入一種心態，認定非得一開始就想出大量的點子，接著選出「正確」的一個，那麼完美主義帶來的壓力，會讓缺乏生氣的安全選項雀屏中選。非黑即白的二元心態，會導致我們不去嘗試新事物，更別說要透過我們學到的經驗來調整自己的想法了。

現實是再好不過的創意輸入來源。你從實驗得知有關成本、客戶與顧客的事，將助你的點子一臂之力。

不該閉門造車的原因就在此。可別憑空想出幾個點子，自行判斷哪一個好，接著就去做了。從現在起，你將在真實世界測試點子，運用蒐集到的資料加以修正，並在過程中激發出更好的點子。我們就是這樣一步一步前進，從有靈感邁向確定執行。

本章將介紹如何打造點子的管線。

永不停止測試

即便你是業內公認的專家，在缺乏真實世界數據的情況下，就要判斷該執行哪個點子，這樣根本是隔空抓藥，沒人能辦到！未知數太多了，要是沒在真實世界測試過，成功或多或少是

在碰運氣。未經驗證的創新，相當於你把車子指向家的方向，接著就閉上眼睛，踩下油門。你或許還真有辦法到家，但更有可能開進水溝裡。這麼做毫無道理，但許多企業平日就是矇著眼開車回家。在尚未確認是否有人想要的情況下，就投入大量的金錢和時間研發解決方案，等到最後產品或服務乏人問津，就開始怪罪銷售部門或不斷變化的市場環境，永遠不會想到有問題的其實是創新流程，於是同樣的事便反覆發生。

通用汽車（General Motors）在2016年推出「行家」（Maven）汽車共乘服務。[2] 數千位民眾加入紐約市的試辦計劃，以小時或天數計算，租用通用的車輛。正確的下一步應是把行家共乘服務推廣到紐約市附近的地區，更好的做法則是挑一個風土民情完全不同的地點來測試。舉例來說，第二個試辦地點如果選擇亞利桑那州的鳳凰城（Phoenix），就能以迥然不同的方式檢驗通用汽車的假設。

然而，通用汽車急於在這個領域搶下一席之地，一口氣砸下數百萬美元，同時在十多個城市推出行家共乘服務。通用汽車的領導者太晚才發現，紐約的試行結果並未暴露出概念的關鍵漏洞，等到生米煮成熟飯，已經在條件不同的市場正式推出，才赫然發現計劃的缺點。不幸的是，大規模推出的意思，就是如果還想保住這個概念，就得同時處理各地所有的問題。事實證明，還沒來得及解決所有問題之前，計劃就已走到盡頭。行家共乘起初氣勢如虹，但四年後被迫腰斬。

凱勒·威廉斯房地產公司也發生過類似的事。我們的朋友凱勒（John Keller）擔任該公司的轉型長，他談到某次有人提出

大膽的新概念。事情是這樣的，熟知地方情形是房地產這一行的重要資產。儘管隨便什麼人都能掛上招牌，貼出幾間房子的資料，但要真正了解地方情形的話，需要花時間和精力。這不像在 Yelp 上搜尋好咖啡廳那麼簡單，最頂尖的房屋仲介已累積了百科全書般的大量知識，對自己負責的區域瞭若指掌。這種辛苦累積的專業知識會帶來競爭優勢。民眾學會信任仲介的知識，包括學區、噪音污染、哪些住宅區街道被通勤族當成捷徑等等。一段時間後，這種專業知識將帶來忠誠的客戶，而客戶會幫忙介紹新的客戶。當仲介點出你靠自己永遠不會發現的問題、阻止你購買不理想的房子時，你會記住這份人情。

　　凱勒・威廉斯的所有仲介們加總在一起，將等於龐大的地方知識庫。然而，仲介彼此之間無法分享這些知識。公司為了進一步利用這個寶貴的資源，希望建立一個內部的資料庫，讓凱勒・威廉斯的仲介在此分享各自的知識情報，好處則是每當自己需要答案時，也能仰賴這個資料庫。舉例來說，房屋仲介調到新地區的時候，上手的速度會快很多。此外，集體的知識集中在一處後，入職訓練也會更加容易。不必每次有新人進來，還得重複講解當地要特別注意的事項。

　　資料庫的點子聽起來很不錯，但也帶來問題。哪些類型的資訊屬於地方洞見？是用餐選擇、優秀的小兒科醫生，還是可靠的水電行？在執行這個計劃的時候，購買市面上現成的軟體就夠了，還是說公司得投資昂貴的客製化解決方案？使用資料庫時，可以多便利地提供、查找資訊，尤其是在手機上操作的話？優秀的房屋仲介可不會整天坐著不動。

每個點子都會帶來一連串的問題，前進的唯一辦法，就是假設答案會是什麼。然而，你在真實的世界測試假設之前，不會知道自己是否猜對了。有太多組織犯下這樣的關鍵錯誤，也就是把測試的流程留到完整的產品或服務公開上市之後。凱勒‧威廉斯公司很精明，先推出測試版的資料庫，開放給單一地區的仲介使用。在很短的時間內便湧入數千條資訊，使用者似乎覺得還不錯，他們原本以為會很麻煩，沒想到很容易使用，而且有寶貴的實務價值。採用率超出公司的預期。

如同通用汽車的行家共乘服務案例，下一步應該是到完全不一樣的地區再度試行，以便從另一個角度測試相同的假設。然而，凱勒‧威廉斯也和通用一樣沒那麼做。一個機構如果沒有測試的文化、缺乏可靠的創新管線，便容易被很有看頭的點子所吸引，不會「浪費時間做無止盡的測試」。

凱勒在事情過去多年後，懊惱地向我們坦承，在那次成功的測試之後，他們就在國內全面推行這個資料庫。然而，領導者沒意識到，規模放大，複雜性也會大增。光是讓點子放大一點，就會複雜好幾倍。

在試行期間，房屋仲介輕鬆就能管理資料庫，把最佳實務傳授給彼此，刪除所有混淆搜尋結果及品質不佳的資料。然而，規模放大到全國之後，資料庫瞬間湧入排山倒海的資料，遠超出使用者的自我調節能力。

資料庫收納的資料一旦超過五十萬筆，要從無用的資訊中篩選出寶貴的洞見，就變成不可能的任務。提供最佳資訊的仲介開始感到心累，他們用心寫下的見解，被只有一句話的海量評論

稀釋。此外，資料庫的軟體尚未經過最佳化，無法分類龐大的數據。過載造成資料庫漏洞百出，搜尋速度愈來愈慢，使得不論要找什麼資料都很困難。在幾乎不能用的情況下，數萬名使用者幾乎是同時放棄這個資料庫。公司試圖修復系統，但失敗了。仲介抱怨連連，眼看著資料庫反而會妨礙銷售房產的工作，公司領導者最後取消這項計劃。凱勒‧威廉斯急於從大有可為的點子中獲益，結果反而欲速則不達。

凱勒認為那個資料庫可說是公司有史以來最大的創新滑鐵盧，因為核心概念原本潛力無窮。如果公司當年能花時間，藉由數個階段的反覆測試來驗證假設，或許能找出可行的辦法，而不會如同凱勒所言，「由於缺乏規劃而顯得雜亂無章」。然而，一旦點子大規模失敗，組織很少會願意重來一遍，退回較早的發展階段，加以改良。等到凱勒‧威廉斯中斷洞見資料庫計劃時，使用者已經沒興趣自願奉獻時間無償參與這件事。這個失敗的專案，說明了一下子全面推行的危險性，即便有過一次成功的測試亦然。

正確的驗證過程會不斷循環，而非只是想出數個點子，測試其中一個，可行之後就瘋狂擴張。你會經歷好幾個階段：測試、分析結果、修正、再次測試。我們一再看到，組織會急著擴張有希望的點子，以至於強迫自己跳過這樣的測試。急於成為贏家的結果，就是搬石頭砸自己的腳。長年缺乏創新的企業，更是容易犯這種錯。如果組織裡的點子流，水流才剛開始變大，此時尤其要謹慎，不可急於施行有希望的點子。在成長的每一個階段，當你前進之前，**永遠**有必須解決的問題。請以穩定的步伐前

進。當計劃出錯時，人們會認為問題出在執行不力，但不論你的駕駛技術有多高超，矇著眼睛實在沒辦法開車。愈早拋掉能「憑感覺」或「隨手一做」的幻想，你的成功便能愈持久。不只是某個階段如此，而是每個階段都一樣：**你在投入之前要先測試**。測試就是預先看到未來，讓你在真正成功之前，先知道如何能夠成功。

組織不願進行測試的原因很多，最主要是缺乏正確的誘因。如果不懂測試實際上是在做什麼，你會以為測試是件苦差事，又沒有太多報酬。創新流程通常始於上面的人交代要做某件事，或是要求解決某個問題。然而，沒人會因為告訴上司他們想做的事**行不通**而在組織裡步步高升，就如同科學家不會因為發表缺乏正面結果的論文而獲得諾貝爾獎一樣。如果只把測試當成是在排除某種做法，只有成功或失敗兩種結果，那麼風險就太高了。反正都有可能失敗，還不如孤注一擲。這正是為什麼如果點子聽起來可行，人們會不願意在實行之前仔細地深入研究。此外，在開發階段顯得謹慎或充滿好奇心，容易被領導者當成是過分多疑或故意拖延，而沒人想被視為扯後腿的人。

當每個人都了解測試真正在做什麼，這種阻力就會消失。快速地大致測試一下，頂多就是幾小時的事，而不是幾星期，更不是幾個月。如同愛迪生開發耐久型燈泡的例子，實驗並不是為了扼殺點子，而是用來篩選出最好的一個。愛迪生在每次24小時的期間，盡可能多做測試，這種做法讓他經常成功。增強點子流後，以測試為基礎的篩選會變得必要，因為有太多點子要考慮。前文也談過，在缺乏真實世界數據的情況下，即便我們仍有

第4章 打造創新管線

可能挑到贏家,偏見往往還是會讓我們走歪。好的測試能排除大量行不通的選項,專注於有希望的那一個,從而大幅降低失敗的風險。不再抗拒進行實驗的關鍵,在於重新定義測試,將之視為一種快速學習、改善與驗證的過程。

至於要花多少力氣,相較於落實點子最終的形式,測試可以快速簡單,而且也理應如此。由於你必須進行許多測試,所以永遠要想辦法讓實驗「物廉價美」,花小錢就能有大效果。不論是用自己的錢創業的新公司,還是編列龐大研發預算的跨國企業,設計測試時永遠要追求**實驗效率**(experimental efficiency)。最理想的實驗只需要花費少量的時間和精力,就能換來大量可引導行動的數據。如果只需要幾天和幾百美元,就能知道某款新產品的構想將乏人問津,為什麼還要投入數個月與幾百萬去研發?事實上,如果沒有可靠的證據證明有市場,到底為什麼還要認真投入**任何一個**新點子?

測試、修正、再次測試,直到鎖定可行的解決方案。有了正確的驗證流程後,早在你撞牆之前,就能知道某個點子會不會起飛。就產品來說,你甚至還能在上市前,就知道該如何定價,以及要留多少現貨庫存。如此一來,你便能充分發揮點子的價值,同時又能在實現點子的過程中,盡量減少不確定性和風險。

建立實驗組合

別再試著預測贏家。我們在史丹佛商學院的同事柏格(Justin Berg)做過研究,他發現「受試者在為點子排序時,往

往會低估自己最有潛力的點子」。[3] 得出最佳結果的方法，將是測試每一個可能性，接著比較結果。雖然聽起來很困難，但要測試手中所有的點子，可行性其實比想像中高。雖然你想出的可能性清單有可能長到令人望而生畏，然而一旦把類似的點子擺在一起後，通常會發現其實沒有很多截然不同的**方向**需要追查。

在你煩惱每種條紋該有多寬之前，先比較「條紋」與「小圓點」各自的好處。等每一條主要的分支路徑都測試完畢後，利害關係人會有信心你是朝著正確的方向前進。在此基礎上，你可以讓真實世界的數據引導你，測試從該主要分支再分岔出去、細節愈來愈具體的可能性。

戴森爵士發明無袋真空吸塵器的時候，在四年期間每天至少測試一種不同的版本，並鉅細靡遺地記錄每個小變動對設計造成的影響。戴森爵士表示：「我感到著迷。我會做實驗，效果有時變好，有時變差，但因為我一次只做一種改變，所以我完全清楚是什麼導致效果變好或變差。」[4] 盡可能讓數據替你決定，根據從測試中學到的經驗修正點子。唯有在測試結果清楚顯示哪個點子是贏家後，才鎖定那個方向前進。

大多數人沒有戴森爵士的條件，無法耗費好幾年，一次測試一種版本，直到一共完成好幾千種測試。不過，我們可以建立**點子組合**，在打造原型的同時，也能測試多種點子。如同理財的投資組合，點子組合的成功關鍵在於多樣性：你可以納入一個「不太會出錯的點子」、幾個看起來有希望的賭注，以及一、兩個高難度的目標。至於一次能同時做多少測試，則取決於你測試的點子本質。

本書接下來兩章會再進一步談有效的測試。你的心態要有如投資者，在動盪的市場環境中雙面下注。如果把雞蛋全放在同一個籃子裡，即便是看起來完全合理的做法，也很容易失敗。反過來說，在希望渺茫的方向下小賭注，有可能一本萬利。你要在能力範圍內，讓點子組合盡量大、盡量多元。撒的網愈廣，捕獲獎勵的機率也就愈高。在創新的過程中，請盡可能保存你得出的各種創意可能性，同時也要保留那些被排除掉的點子。就算已經建立組合，做過一連串測試，你永遠還是可以回到最初的可能性清單，並藉由你學到的經驗，重新考慮那些可能性。

　　一旦你接受創新的本質是低收益的活動，你就會明白為什麼組合式的實驗有其道理。每次嘗試都有很高的失敗風險，這種情形不僅可以接受，而且還是嘗試新事物的基本特性。創新的運作方式不同於其他商業領域，與其試圖降低失敗率，還不如將每次測試的成本和風險最小化，並盡可能累積失敗。你會因此知道自己的標準是否設得夠高。

　　在挑選要測試的點子時，請別把資源或需要花的時間精力當成篩選的依據。如果實驗顯示點子極具潛能，需要投入大量的時間與精力，那麼你就有數據作為鐵證，證明應該投入額外的資源。當你有七位數美元的預算與大型團隊撐腰，那些在你獨自面對時看似難如登天的事，將看起來截然不同。成功的實驗能贏得內部的支持或外部投資者的關注，經驗告訴我們，決策者偏好真實世界數據的程度，高過任何電梯簡報。

　　如果要建立真正多元的點子組合，不妨邀請不會參與執行的人士幫忙。羅技（Logitech）的執行長達瑞爾（Bracken

Darrell）將這點列為公司政策。羅技的資深主管葛拉登（Ehrika Gladden）向我們解釋：「〔局外人〕能思考出更徹底的解決方案。」還記得前面的例子嗎？相較於評審團，矽谷銀行的其他團隊更能準確評估各種點子的潛力。身上沒背負執行的重擔時，將能提供寶貴的觀點。

如果你是個人創業，那就比較難借重這種不帶偏見的觀點。在涉及該嘗試哪個商業點子時，你有可能無法安心交由他人決定。畢竟，你本身有哪些優勢、技能和興趣，別人知道的不會比你多。不過，這裡再提醒一遍，重點不是挑選要推動哪個點子，而在於進行一系列的小賭注。有另一個人輔助時，你們能想出的選項組合，絕對會比你獨自思考還要多元。當你創業時，可以詢問朋友、伙伴或前同事，請他們提供建議，但也不需要別人說什麼都聽、把命運交到他人手上。取得不帶偏見的外界觀點很重要，不要跳過這個步驟。

如果不可能測試每個點子，那就盡量建立最多元的實驗組合。但即便只是從部份的點子開始測試，這也有可能是令人卻步的任務，此時就是可靠的篩選流程派上用場的時機了。

按興奮程度篩選

點子池愈大，人們想挑好做的來做的誘惑也愈大。舉例來說，如果公司徵求員工的點子，結果集結了眾人意見的龐大試算表被寄到某個人的電子信箱，而那個人打開檔案往下拉，瀏覽成千上百個隨機排列的點子，試著從中挑出「最好的」一個。最終

會出線的,將是恰巧引起注意的點子,而且這個點子能快速搞定,又不必耗費太大的力氣。

為了避免這種情況發生,可在檢視點子清單**之前**,就先建立篩選的標準。如果先考慮選項,接著才決定挑選的標準,那麼你難免會設計出符合你潛意識偏好的標準。與其先射箭再畫靶,不如從執行時間、潛在成本等幾種不同的基準,先對列表進行排序,再用這種方法篩選出有能力處理的數量。在這一點上,你可以基於對組織複雜商業需求的深入了解,設定各種正式的要求標準。你接下來幾季的目標也要納入考量。請製作一些圖表,按照一條又一條的過濾標準,包括投資報酬率(ROI)、稅息折舊攤銷前利潤(EBITDA)、投入值(Effort/Value)等五花八門的條件,仔細篩選所有點子。

在大型機構,有時需要運用圖表來證明該測試哪些點子。然而,如果你享有彈性,例如你是一個人創業的話,那麼只需要問一個問題就能去蕪存菁,效率將超過所有按照標準篩選的官僚流程:

這個點子令人興奮嗎?

還記得嗎?創業者韋德林在用完一本筆記本後,會仔仔細細地把最有希望的點子,重新抄寫到新的筆記本上。他這麼做,其實是在評估自身的興奮程度。興奮感是創新的動力。我們從經驗得知,取得世界級成就的關鍵是**期待**喜悅降臨。不過,大多數公司的大部份人,根本不會去追求這種事。當你在職涯中經歷過

幾次對點子躍躍欲試、結果卻沒什麼迴響，之後你就會心灰意冷。當你在不懂如何創新的大企業討生活，冷漠將成為你的生存策略。由於看不到讓點子成真的明確道路，導致我們不想對點子投入情感。於是，這種創新注定失敗的感受，就此成為自我實現的預言。

你一大清早的洞見，永遠不會完全以料想中的方式成真，總有需要妥協的時候，也因此如果你現在不會感到興奮，那就不要再往前踏出一步。正如同柏格的研究顯示，我們有可能只把最好的點子擺在第二或第三順位，但依然是靠前的位置。不論是否受偏誤影響，輸家點子照樣會落在底部。如果你一開始就抱著滿不在乎的心態，那麼不可能到了流程的尾聲，卻有很好的結果。

如果你不好奇、不急著找出某個點子是否可行，那就不要嘗試！不論是新事業、改善內部流程，或是解決煩人的顧客問題，最重要的是利害關係人是否開心。這裡所謂的利害關係人，不只是管理高層或執行長，而是**所有**相關人士，包括顧客、供應商、合夥人、員工，以及所有與點子要解決的問題有關的人士。如果某個點子沒讓你感到興奮，你不看好它會讓人皆大歡喜，那就相信你的創造力能另謀出路，把它從清單上刪除。

沒錯，我們要依據扎實的數據來做商業決定，但在那之前，我們需要會引發好奇、興奮和喜悅的點子。這件事其實再務實不過，因為無聊的點子會賠錢，還會讓人喪失動力。我們在矽谷銀行做演練時，評審團的考量絕不是興奮感。他們的目標不是讓任何人開心，只想在最不會給自己找麻煩的前提下，讓某個想法變成具體可見的結果。我們的天性其實和那個評審團沒兩樣，

因此如果想達成更好的結果，就得學著有更高的追求。那些讓你魂牽夢縈的點子，那些你真的躍躍欲試的點子，將帶給你最大的收穫。

理想的結果，永遠不會始於聳聳肩的無所謂心態。

軟木布告欄就是你的研發部門

創新的龍頭企業擁有豐富的創意文化和健全的研發流程。要是沒有評估點子的架構，員工會學到，只要照老樣子辦事就好了，大家都輕鬆。即便有明顯的改善機會，也不值得花力氣嘗試。多一事不如少一事，乖乖照著現有的方法做，老闆就不能怪你搞砸事情了。

恢復點子流的方法是打造點子的管線。只要池子裡的水重新開始流動，生機就會恢復。管線能提供人們釋放可能性的空間，鼓勵人們創造，還能帶走壓力。在大多數組織中，如果有人提出大有可為的點子，他們會得到的典型反應是：「聽起來不錯——那就交給你好了？」沒人會想給自己找一顆需要獨自推上山的大石頭，也沒人想讓管理階層對一個有可能不成功的點子感到興奮。重點必須從「那就交給你了」，變成「我們來看看是否有人感興趣，再接著往下做」。

你只需要一塊大型的軟木布告欄，就能建立快速而簡單的點子管線。（如果團隊內有成員遠距工作，那麼做法一樣，只是改成虛擬白板工具）。把布告欄放在顯眼的位置，例如人來人往的走廊，並放上方便大家拿取的大量索引卡、馬克筆、星星貼紙

和圖釘。

好了，現在那個軟木布告欄就是你的研發部門。每當有人有點子想和團隊分享，就把點子釘在板子上。不要署名。每個點子都是獨立的。團隊的其他成員在經過時可以看布告欄上的點子，寫上看法或建議卡片，並貼上星星來表達興奮程度。當卡片愈積愈多，不要讓一個想法形成池塘。記得每星期整理一次，把獲得最多留言和星星數的卡片，移到右邊標示「測試」的地方，代表團隊該週會做一場快速的高效率實驗。

就這樣，不用花100美元，你就有了一個功能齊全的研發實驗室。

每星期都要進行測試，感覺工作量會很大，但你將得以嘗試令人興奮的點子，有可能讓關係到這件事的人開心。在資源稀少的情況下，還有什麼比這更好的資源用途？提供給你的組織（或是光給你自己）一個放置可能性的專屬園地，一個導向驗證流程的管線，必定能刺激點子流。一旦其中一個點子順利成真，全公司的創意水位都會上升。一個顯眼的軟木布告欄研發部門，就能讓每個人都看到實驗的價值。

我們在DIRECTV的一些朋友，曾經出於必要做過類似的事。他們想建立以用戶為中心的創新實驗室，但公司總部不願意撥出專門的空間。他們因此發揮創意，徵用一段走廊。這個權宜之計獲得組織上下一致的好評。那些「理論上」與創新工作無關的員工，在經過走廊的布告欄時也被吸引，自願助實驗室一臂之力，貢獻自己的點子。他們在走去咖啡機的路上看到各種有趣的計劃，忍不住也要一展身手。能見度與熱情緊密相關。

不論你的研發部門是一塊軟木布告欄,或是走廊上的創新實驗室,你所做的只不過是快速簡單地測試任何點子。如果實驗最終失敗,你也就不必再去想那件事,就跟愛迪生一樣,你成功發現了另一件行不通的事。反過來說,如果點子實驗後看起來很有希望,你將更有底氣,可以理直氣壯地多花一點力氣去做。一段時間後,你就能突破未經測試的點子瓶頸,恢復穩定的新鮮創意流。

麥金是史丹佛大學d.school的大前輩,他提倡列出「煩人清單」(bug list)。煩人的事往往能激發出最好的靈感,舉例來說,葛蘭姆(Bette Nesmith Graham)首度改用新型的IBM電動打字機時,她是銀行秘書。[5]由於電動打字機的按鍵過於敏感,錯字大增,令葛蘭姆不堪其擾。而因為她會在錯字旁邊畫上注記,一個新穎的解決方案應運而生:用小瓶子裝白色的蛋彩顏料,可以快速蓋掉打錯的地方。葛蘭姆日後在1958年取得立可白(Liquid Paper)的專利,最終又以4,750萬美元的價格,把立可白事業賣給吉列(Gillette)。

把以下這個有用的提示貼在布告欄上方,讓大家開始貢獻點子:「(某某事)讓我感到困擾。」同事有可能提供很棒的點子,讓你們的職場文化充滿更多活力與創意。點子有可能很簡單,例如:「不要再開晨會。」在將這個想法定為公司政策之前,很簡單就能先作測試。如果發現不用如此頻繁開會,人們也能完成更多工作,那就這麼辦。但萬一改變之後,引發了意料之外的問題,那就依據你學到的經驗修改政策,然後再試一次。不斷重複這個過程,直到確認建議可行,抑或該果斷放棄。

少挑選，多測試

雖然你可以試著自行挑選點子，但理想的創新環境根本不需要這麼做。每次實驗的重要性，無疑都會勝過自行挑選。不論你過去挑中贏家的紀錄有多好，都贏不過你從真實世界的試驗中學到的事。什麼都要測試，聽起來很麻煩或根本辦不到，但接下來兩章會介紹如何快速有效地做實驗，一旦學會相關技巧，你就會發現做有用的測試，並一次排除大量的點子，其實比想像中便捷。到了那個時候，你會**真的**需要增加點子流。

我們的朋友索恩（Nicholas Thorne）是浦利海（Prehype）的創業合夥人之一。浦利海是一間極具創新精神的風險投資公司，除了創立自己的事業，也投資其他新創公司。浦利海的團隊因此永遠都在評估新點子，並為最看好的點子提供資金。一開始的時候，索恩與伙伴韋德林（我們在第2章「記錄的紀律」一節提過）以常見的風險創投方式挑選贏家，但結果不太理想。

索恩告訴我們：「我們後來學到，對於自己手上無數個點子中哪些是好點子，我們的直覺很不準。」浦利海於是開始愈來愈仰賴實驗。隨著他們學會信任測試結果，不再依賴個人意見和假設性的預測時，公司的命中率大幅改善。如今，他們希望全面廢除自行挑選的環節。索恩表示：「我們試著讓自己完全跳脫『這是好點子嗎』的思考流程。」

浦利海運用他們名為「訊號探測」的流程來測試點子。團隊有可能必須同時評估五花八門的投資，例如腸道菌群栓劑、共同辦公空間公司、廂型車的通勤應用軟體等。為了一窺未來，他

們透過社群媒體向數百萬人推銷這幾種尚未問世的產品,接著追蹤有多少人點選。每次實驗產生的數據會引導出一個更完善的版本,直到確認有其市場需求。浦利海利用這種方式,在市場上快速審視可能性,減少任何單一投資所伴隨的不確定性。

拜這套精心驗證的系統所賜,浦利海一次探索的方向比任何競爭對手都要多。如今,索恩已累積多次超過十億美元的獲利退場(billion-dollar exit),也因此當他主張避免做任何形式的挑選時,也更具說服力。他懂得知之為知之,不知為不知。

索恩因為是風險投資人,他能享受到分散式事業組合的好處,一次多方下注、對沖風險。然而,公司創辦人沒有這種餘裕,因為風險投資人會迴避半吊子,只投資那些專心追求單一事業點子的創業家。如果你希望自己的點子爭取到重大投資,則你就不能同時擁有許多半成品的專案和原型。索恩告訴我們,創業家會遇上的真正風險,不是沒能建立一個成功的事業,而是成功建立了一個只是夠好的事業。明顯失敗了是好事,因為你就能收手,轉而去做其他更有希望的事。然而,萬一點子沒徹底失敗呢?萬一**某種程度上**可行呢?你怎麼知道這個點子算得上夠成功,值得你付出很多心血?不是只有創業家會為這種問題煩惱。

想一想成立任何事業的機會成本,典型的新創公司要好幾年才能起飛,道理和其他任何類型的點子一樣,如果你想確保投入的時間和心血獲得最佳回報,唯一的辦法就是想出許多不同的商業可能性,每一個都測試看看,接著按照學到的經驗進行修正。然而,依據索恩的經驗來看,只有極少數的創業家在投入最初想到的好點子之前,會先考慮**任何**其他的可能性。如果有幸獲

利，他們就會認為成功了，永遠沒想到如果採取第二或第三個點子，更有可能事半功倍。

僅僅因為某件事帶來利潤，並不代表那就是運用你時間的最佳方法。索恩說道：「你必須問自己：除了這個，還有哪些點子？這對我來說是最好的點子嗎？」同樣的，對於有抱負的創業家來說，唯一能確認答案的方法，就是在漏斗裡倒入大量的商業點子，然後加以測試。你得有耐心，但大多數的創業家都沒耐心。索恩表示：「風險投資的祕訣，就是讓創業家在起跑處待久一點，評估他們的選項。」

即便浦利海提供創業家探測訊號的機會，許多創業家依然拒絕探索。「測試很累人。」索恩解釋，「用嘴巴說『這是一個非常好的點子』比較容易。你得有紀律，才能克制自己不要衝太快，並嘗試不同的事物，同時問問自己：『我能不能以不同的方法處理這件事？』」當然，報酬也會不一樣，結果有可能是利潤還可以的小型事業，也可能是10億美元退場，獲利了結。

雖然聽上去違反直覺，但前述兩種事業在一開始時並沒有什麼區別。「我們見過我們最瘋狂的點子變成大事業。」索恩指出，「販售每個月寄到你家的狗零食和玩具組合，如今是價值25億美元的事業。從市場分析與研究的角度來看，不少事業的客觀條件更好，但巴克公司（BARK）的表現卻遠勝過它們。我們深刻地學到，看上去沒什麼的小點子有可能很大，也因此覺得不該試著當個厲害的挑選者。如果要我挑選，還不如去擲骰子。」

好了，我們現在已經確認實驗的價值，但還有一個問題：實際上要**怎麼做**？如何才能和浦利海公司一樣，建立快速有效的

實驗管線,以過人的效率驗證點子?我們在談測試時,你可能立刻想到必須投入大量的時間和金錢,風險也很高,整體而言要耗費大量的心血。請不要那樣想。你會訝異光是做一些很簡單的事,例如到外面街訪,問路人要不要買,就能得知很多資訊。一個陽春的原型,或是幾個簡單的問題,就能消除清單上80%的可能性。剩下的20%,才真正需要走過正式的體制測試流程。我們永遠要追求最高的實驗效率。設計得宜的實驗,只需要花一點點時間、精力和金錢,就能帶來可指引行動的大量資訊。唯有實驗結果顯示可行,你才投入更多的力氣。

「如果事情有希望的話,你絕對會注意到。」索恩告訴我們,「至於行不通的事,你則永遠會感到:『好像可以,又好像不行。』好點子會十分明顯。一切都豁然開朗,像火箭一樣往前衝。」有希望的數字值得進一步檢視,然而,當實驗結果明確無誤,每一件事都變得輕鬆許多時,就可以進入開發的下一個階段了。

第5章

設計實驗測試點子

2014年，一家擁有上百間購物中心、管理著數百億美元資產的全球不動產公司，遇上一個頭疼的小問題：該公司一間位於市中心的豪華商場，四樓的租金價格已經直線滑落好一段時間。公司為了吸引有錢的上班族前往這間新開的購物中心血拚和用餐，不惜砸下重金，把四樓裝潢得美輪美奐，不只牆上鑲嵌著馬賽克，上方還有穹頂，這是整棟建築物中最豪華的一層樓。只要搭上電梯，整座城市的美景就能盡收眼底。

不幸的是，很少有人光顧。四樓淪為鬼城，店家經營得很辛苦，一間接著一間退出。該公司試過很多辦法，偏偏就是無法提高那層樓的顧客人流，四樓的店一直經營不下去。為了解決這個問題，管理階層舉行腦力激盪會議。大約開了10分鐘的會之後，有人拋出一個很大的錨點，後續的討論內容，全被那個錨點

牽著鼻子走。

「我們來蓋啤酒花園吧。」

多好的點子！畢竟還有什麼組合能勝過美景加上冰鎮啤酒？如同希臘天神在奧林帕斯山頂啜飲著瓊漿玉液，當地的上班族在結束一天漫長的工作之後，可以在啤酒花園俯視著街道，品嘗有機的微釀啤酒。腦力激盪會議還在進行，但啤酒花園錨點的吸引力太過強大，後續的每個提議都受到影響：

「大家先暫時忘掉啤酒花園吧。不如我們來做……**葡萄酒花園**？」

儘管啤酒花園的點子在會議室裡聽起來很棒，但在確認其可欲性（desirability）之前，公司不會願意在這個一再失敗的物件上投入更多資金。真的有人逛街時想去購物中心的四樓喝啤酒嗎？啤酒花園能否說服更多人勇敢踏進電梯？更重要的是，他們上樓後會消費嗎？對企業來說，**一定要**先考慮可欲性，再去想可行性（feasibility）。如果沒人想要，那麼你是否**有能力**提供某項產品或服務，一點都不重要。然而，根本還不存在的東西，該如何確認有沒有人想要？

該公司開始詢問顧客對這個點子的看法。由總經理帶領的團隊，拿著夾了問卷的板子到美食廣場，訪問一個又一個用餐的顧客。他們的問題全都一樣：「如果我們在四樓設置啤酒花園，您會願意過去看看嗎？」他們問了大約1,000名顧客，其中85%的人表示願意。在美食廣場用餐的顧客，就和會議室的高階主管一樣，他們完全能想像城市景觀盡收眼底的啤酒花園將有多麼美好。

既然大多數顧客顯然都贊同這個計劃，該公司於是投資數十萬美元搭建啤酒花園。新設施提供最頂級的生啤酒與各式美味佳餚，還有奢華的座位。購物中心的較低樓層掛上宣傳招牌，社群媒體也張貼廣告，引導購物者前去享受新服務。看來這下子唯一需要做的，只有迎接必然如潮水般湧來的顧客。四樓得救了。

一個月後，總經理要求看進度報告，卻發現尚未出現人潮。事實上，新裝潢好的啤酒花園，每晚的來客數不到12人。這怎麼可能！超過800名顧客說他們會來的！那些人不可能全都對我們**說謊**，對吧？

總之，不論如何，以上是大多數公司會發生的事。幸好這間公司真正發生的事，其實是總經理帶著同仁在著手解決問題前，就先與我們聯繫。團隊掌握了實驗的技巧後（接下來幾章也會傳授給大家），當美食廣場的顧客真心回答他們對四樓的啤酒花園感興趣時，團隊已經做好充分的應對準備。該公司已經明白，「人們**說他們會去做**的事」與「**他們實際上會去做**的事」，其實是兩碼事。行為才能證實可欲性，問卷調查辦不到。如果你想知道你的東西對別人來說是否有價值，你得把那樣東西懸掛在他們眼前晃動，看看他們是否會咬（或抿）一口。

問題不在於「我們是否有能力做出來」，而是「如果我們做出來了，會有任何人想要嗎」；重點不是「我們蓋得出來嗎」，而是「我們該蓋嗎」。設計大師伊姆斯（Charles Eames）講過一句話：「設計的首要問題，不是東西該長什麼樣子，而是到底該不該有這樣東西。」[1]

總經理及其團隊有了問卷調查的結果後，設計出可以快速

第5章 設計實驗測試點子

完成的低成本實驗。他們在美食廣場的桌上擺好紙板廣告，也在購物中心的社群媒體管道上發文，吸引顧客前往免費提供各式葡萄酒與啤酒的四樓。現場沒有時髦的座位區、沒有吧檯，只有一張折疊桌、幾瓶葡萄酒和啤酒、一名負責檢查證件與倒酒的工作人員。在一個月的時間內，該公司每週六都會進行這個低成本的測試，而每次實驗都只能吸引不到12名顧客前往四樓光顧。

　　總經理告訴我們：「就連免費提供葡萄酒和啤酒都無法讓民眾上樓，看來我們必須重新思考整個啤酒花園的構想。」他們還有重來的餘地，因為該公司尚未真的把數十萬美元投入看似大有可為的點子。他們**一共**只花了幾百美元，就證實民眾對啤酒花園沒興趣。

　　為了測試點子，你得讓點子成真，但不論你預期看到人們購買，抑或是想見到某個完全與交易無關的動作，例如回應某封電子郵件、遵守新的內部流程等等，你只需要讓點子真到足以驗證行為即可。實驗的目的是證實某個假設：「如果我做X，Y（某人）的回應會是做Z。」任何科學家都會告訴你，你要做的其實是**推翻**假設。設計實驗的時候，不是為了確認你原有的信念，而是去挑戰信念。你想像的情形與實際情況之間的差異，正是最寶貴的創意輸入藏身之處。

　　等一下會談到，如同這個購物中心的例子，你可以提供原型的版本，甚至是尚未做出來的東西──我們會帶大家認識各種可以減少風險、又能讓顧客滿意的方法。為了確保成功，你必須盡量提高上場打擊的次數。換句話說，你得提升實驗效率。在本章中，我們會展示如何將你最偉大的點子付諸實行。

克服阻力

各位可能心裡已經在嘀咕：**那一套在我公司永遠行不通**。在組織裡帶頭做實驗，不免會遭遇各種反對的聲音。當創意文化尚未建立起來時，人們會用各種理由抗拒測試。如果你希望戰勝阻力，則需要善用策略。

我們認識一位任職於頂尖音效科技品牌的軟體工程師。他想到一種創新的方法，可以利用幾支智慧型手機，一次完成現場表演的高傳真（high-fidelity）錄製。每支手機分別負責錄製台上一位表演者的影音。在表演過程中，軟體會自動判斷哪一位表演者的表演最突出，無縫切換視訊來源。主唱開口時，軟體會自動給特寫，吉他手演奏時，鏡頭同樣會切換過去，每個人再度合奏時則會換回遠景。最後出爐的影片，看起來像是出自數人團隊之手的專業製作，但實際上青少年在車庫玩樂團時不需要協助，也能自行搞定。在這位軟體工程師看來，這個點子根本是為音樂人量身定做，方便他們錄製抖音等線上影音平台的影片。提供這個軟體服務，將能把公司的頂尖音效技術介紹給新世代的內容創作者。

在測試某特定軟體是否有其市場時，最顯而易見的方法是提供可下載的測試版本。雖然提供免費版本無法百分之百證實人們真的會購買，但相關數據仍舊寶貴，適合拿來修正價值主張。然而，當這位軟體工程師提議這麼做的時候，公司主管明確拒絕他把品牌名稱放進App。「**免費**提供我們的產品？」他們嗤之以鼻，「我們是專業的品牌，絕對不行。」

從這位軟體工程師的角度來看,公司品牌是這場實驗的必要元素。否則,他們要如何才能確定,專業的製作人士在真實世界中是否會信任這個軟體?如果要獲得以專家為主的核心受眾,讓軟體配合他們的需求,則實驗時有必要放上品牌名。然而,掛名這件事不可能成真,因為公司默認的看法是「我們做的任何東西都必須很有分量才行」。這是大公司常見的假設,但幾乎總是錯的。事實上,沒有人會注意到你大多數失敗的實驗。(這是好事。)

如同這位軟體工程師的例子,當你在組織裡首度提出實驗建議,將遭遇種種反對,而且有的會讓你措手不及。你可以嘗試我們稱為「回溯法」(retroactive)的工具,事先預測人們拒絕的理由,並加以解決。請想像你穿越到未來,發現提案已經被拒絕,此時你回顧簡報。從那個角度出發,拿出你最疑神疑鬼的一面,列出所有你能想到的回絕原因。

儘管回溯法聽起來簡單,卻能快速暴露你論點中的漏洞。當你進入未來已經失敗的心態後,你將更容易看到事前沒想到的缺點和潛在的失誤。由於認知偏誤的緣故,即便別人一眼就看出哪裡會出問題,沉浸在點子裡將導致你比較難看到,這就是為何我們在向關鍵的利害關係人提議做實驗時,對方的反對會讓我們措手不及。我們**不想**看到問題。不過,只要利用回溯法,翻轉一下框架,你計劃中存在的問題將再度現形。

這位工程師可以利用回溯法,克服內部對實驗的反對聲音。他當初甚至只需要花個十分鐘,在筆記本上想像主管斷然拒絕放行測試版本,就幾乎絕對能想到,該把商標的問題加入反對

清單。

列出潛在的反對理由後,就要替每一個理由找出應對策略。在大多數情況下,人們會反對做實驗,主要是對風險有所誤解。如果主管認為實驗必須投入大量的時間和金錢,而且很可能會失敗,他們就不會願意嘗試。說穿了,就算成功測試了一次,也不是最終能賣給顧客的產品,只不過讓你有機會做進一步的測試罷了。

為了避免出現這種心態,你必須把實驗設計成不用花太多錢、能快速完成,而且風險小到可以略過不計。選擇一些你明天就能做的事——如果那件事不需要取得上司同意就能做更好。此外,你在組織中做的頭幾次測試,不要涉及大型計劃。先從切身的事開始試起,實驗主要和你個人的業務有關就好,不要觸及、牽連重要的利潤核心或具備時效性的流程。即便是小型的實驗,也要追蹤過程並加以記錄,然後展示你的成果。相較於任何形式的爭論,提出幾個吸引人的實驗結果,將更能化解內部抗拒測試的阻力。你一旦證明即便只是小規模測試一下,就能發現是否有其可欲性,從而降低風險,則上司將更有可能放行更有企圖心的嘗試。記得從小事做起,今天就開始。

碰上不願測試的阻力令人氣餒,但別忘了,這種事無關乎智力或商業頭腦。傳統的商學院教育往往與創新思維背道而馳。事實上,你的同仁和經理愈能幹、經驗愈豐富,反而**更可能**以戒慎恐懼的心態看待實驗。我們在史丹佛大學的同仁連瑟比(Michael Leatherbee)與卡蒂拉(Riitta Katila)研究上百間新創公司,兩人發現MBA的學生尤其容易抗拒精實創業法所要求的

測試。[2]一旦你習慣的做事方法是先擬定計劃,再照著計劃走,那麼你的心態必須出現重大轉變,才能改用真實世界的測試來驗證假設。

伍耶克(Tom Wujec)是歐特克公司(Autodesk)的研究員,該公司為專業的創意人士開發AutoCAD等繪圖設計軟體。多年以來,伍耶克在美國各地舉辦不同年齡與行業的設計工作坊。[3]在每一場工作坊上,伍耶克都會讓學員參加「棉花糖挑戰」:你必須在18分鐘內,用20根乾的義大利麵條、膠帶、線與1顆棉花糖,蓋出最高的塔。伍耶克指出,這個挑戰的關鍵是棉花糖,因為棉花糖比麵條更重,而且差距超出人們的想像,蓋這種塔需要搭建穩固的根基。

在伍耶克的工作坊,除了會實驗底盤負重的工程師,蓋塔最有效率的人是幼兒園小朋友。那效率最差的呢?近期就讀於MBA的學生,而且落後的幅度還不小。幼兒園小朋友成功蓋出的塔,平均高度超過20英寸,商學院畢業生則平均蓋出10英寸的塔。

為什麼會有這樣的差距?因為**幼兒園學生知道自己不知道**,所以他們會嘗試。小朋友沒有很多預設的看法,例如他們不會假設麵條能支撐多重的東西,也因此很早就把棉花糖加在塔上。架好的乾麵條萬一垮掉,他們還有時間嘗試更好的做法。相較之下,MBA學生走到挑戰桌前時,自認為是合格的義大利麵建築師。他們會依據錯誤的假設,仔細蓋出複雜的結構。

「商學院學生接受的訓練是尋找單一的正確計劃,」伍耶克在TED演講上解釋,「然後他們會執行那個計劃。接下來發生

的事,則是他們等到挑戰時間的尾聲,才把棉花糖放上塔頂。結果放上去後怎麼樣?完蛋了。」幼兒園和商學院學生,一個從做中學,一個是紙上談兵。

我們觀察到,參與「發射台」新創育成計劃的史丹佛MBA學生,也發生一樣的事。由於成立事業的時間有限,而MBA學生永遠會把大部份的時間拿來擬定商業計劃。然而,要是缺乏數據證實產品市場契合度（product-market fit,簡稱PMF）,空有計劃有什麼用?我們每次都得苦口婆心,才能說服MBA學生用數據形塑他們的假設。

這一類的事能夠說明,為什麼有的商業領導者在其他方面都極其聰明、老馬識途,但當你提議要測試時,他們卻會強硬地反對。當你被一遍又一遍灌輸的教條是「不做計劃就等著失敗吧」,一下子要你嘗試看看會發生什麼事再說,聽上去像是在觸犯天條。你得讓人們了解不同的做事方法。

基於你對公司與公司業務的了解,用回溯法想一想,找出實驗會遭遇的各種反對理由,不論是害怕破壞公司名聲(如同上述頂級音效技術品牌的例子),或是對於要向顧客廣告尚不存在的產品或服務感到過分緊張。針對每一個潛在的反對理由,想好要如何調整簡報。你可以從相近領域的成功實驗尋找具體的例子,證明只要快速做幾場測試,就能學到很多事,而且這類測試的風險其實很小。如果我們那位工程師朋友能事先做好準備,找到其他科技品牌公開推出測試版App的成功例子後,才走進會議室,他或許能爭取到上級的批准。

證明你的觀點不會永遠都那麼難。一段時間後,實驗的價

值將獲得證實。採取實驗心態的組織很快就會看到，測試能如何降低不確定性，並省時、省錢、省力氣。組織會開始想辦法在各種可能的情況下，都把決策交給數據。不過，在你的組織跨越心理障礙之前，記得要盡量蒐集成功的實驗案例。有的測試屬於輕量級，可以快速簡單地完成；其他的測試，尤其是在那些有著根深柢固創意文化的公司，則比較複雜，不過相較於不先投石問路就衝了，依然能讓你避開很多冤枉路。你不必一夜之間就建立起一間完整的顧客創新實驗室。從你所在的地方起步即可，然後逐步累積。

增加實驗效率

　　點子無法靠紙上談兵成真，必須實際去做。你需要一個行動導向、實驗驅動的流程，反覆開發、精進與施行點子。為了達成最高的成功率，即便只是網站該用什麼字體這種很簡單的事，也一定要用**真正的**實驗取代思想實驗。真實世界的測試將勝過討論和直覺，甚至超越正式的市場研究。實驗提供的現實情境可以削弱過分自信，避免在不惜任何代價的情況下，下意識就不想聽到「NO」。

　　為了讓測試具備可行性，我們必須陽春一點，設計出簡單、低成本、不完美的實驗，得到足夠的資訊，從而設計出更理想、更逼真的實驗。每次測試得出的答案，將協助你下次問出更好的問題。這就是你從靈感步向貫徹執行的過程。

　　測試點子時，目標要放在盡量提升實驗效率。後文會介紹

幾個速成實驗的例子。看完後，你就知道該如何增進自己進行測試時的效率。如今是史上做測試最簡單的年代，現代科技讓人得以輕鬆測試假設、驗證可能性，過去的創業家做夢都無法想像能如此便捷。

今日你能輕鬆地向大批人群提供各種版本的產品或服務，找出什麼客群會願意購買哪一種。諸如Wix、Squarespace、Canva、Figma等線上工具，讓你即便不是設計師，也能一下子做出海報、線上廣告、簡單網頁，甚至是軟體介面，進而打造出點子的原型。成品或許不完美，但已略具雛形，足以測試真實顧客的需求。即便平面設計馬馬虎虎，能成功的點子就是會成功。

就連新手也能做出實體的原型，輕鬆好上手的軟體與平價的3D印表機，幾乎能做出任何實驗所需要的形體。雖然以最終的產品而言，沒有任何東西能取代設計師、工程師，以及其他厲害匠人的作品，但原型工具能讓你以便宜快速的方式，同時檢視不同版本的做法。如果一次能測試十種廣告標語、配色或產品造型，為什麼只試一種？你以速度愈快、成本愈低的方式排除不合的方向，剩餘的時間就會愈多，使你有辦法不斷嘗試新方向，直到找出贏家。

最有創意的公司**每一種可能**都會測試。舉例來說，漫威（Marvel）的超級英雄電影之所以成功，或許你會歸功於運氣好或時代精神，但今日的漫威會「預拍攝」（previsualize，簡稱previs）漫威電影宇宙中的每一部作品，這可不是巧合。傳統的故事板會在展開主體拍攝之前，先素描出每個場景的關鍵時刻。預拍攝則是在開發過程中，就以數位動畫完整呈現場景。複雜的

動畫工具能在任何演員抵達片場之前，就先搞定所有的運鏡、特技與特效。漫威的製片人起初只在電影裡最複雜、需要動用大量特效的場景使用預拍攝，先感受一下真實元素與數位元素結合在一起後，大致會是什麼樣子。然而，隨著工具變快、變聰明，漫威拓展預拍攝的應用範圍，涵蓋整部電影的每一分每一秒。

　　為什麼要把故事的某個部份留到拍攝當天再看著辦？即便只是桌邊一對一交談的橋段也沒有必要。不論是步調、故事或場景設計，導演如今能在踏進攝影棚前，就預先在筆電上處理不流暢的部份，不論多小的細節都沒問題。隨著相關工具變得更便宜、更易於使用，今日3億美元大片在做的事，未來很快就會成為3萬美元獨立電影的標準做法。同樣的，一度只有事業遍布全球的企業在做的事，如今也成為兩人新創公司的常態。只要有合適的工具再加上一點努力，你的點子的任何面向，幾乎都能做出擬真度還算合理的原型，再放進真實的世界測試。

　　有效創新的關鍵是速度。你必須在一定時間內盡量多做一點測試，無法無限期地琢磨點子。你要快速完成實驗，而且理想上最好能讓組合裡的不同點子同時進行。如此一來，在你山窮水盡之前，還有時間改善點子，聚焦於最可行的做法。

　　盡量多做實驗的關鍵將是成本，成本比其他任何因素都重要。昂貴的測試將帶來重重關卡；反之，實驗的成本愈低，就愈容易取得公司的批准，而且在你認輸放棄之前，你也更能多方嘗試各種不同的方法。組織創新會如此困難的原因，在於官僚體制讓大多數的點子一開始就沒機會起飛。複雜的核可流程與種種手續，將妨礙你快速學習——即便在日常的商業運作中，那些攔

路虎是有用甚或是必要的保護措施。降低實驗成本之後，你遇到的阻礙自然也會減少。

有一次，我們把自己的方法帶到某間歷史悠久的大型製造業公司。與我們合作的幾位主管，各自負責推動不同的點子。我們請負責新服務平台的人說明，他需要多少資金才能讓顧客進行測試。

「大約3,000萬美元。」

以防有人不知道，我們還是說一聲：沒有多少組織有能力一次砸3,000萬美元，就只為了替點子組合做實驗。這也是為什麼我們力促這位主管削減成本。他砍掉了不必要的實驗面向，只專注於接下來會面臨的幾個步驟，後來回報的修正數字，改成預估會花20萬美元。省下的錢可真不少！不過，我們還是請他朝更小、更快、成本更低的方向思考。我們仔細檢視他估算背後的假設，發現他打算雇用3名全職的客服人員，在現場接電話。

「只是做實驗，為什麼要用年薪雇人？」我們說，「**你**可以自己當客服部門！」這位主管在該公司任職二十年，不曾以低於一年的加薪或少於全職薪水的方式雇用任何人。想到要在半夜接電話之後──d.school的創辦人經常這麼做──他同意可以把可能會在晚上響起的電話，交給身處另一個時區的現成團隊。在不必雇用全職客服人員之後，實驗成本降至1萬5千美元。比起一般的企業研發投資，這個數字只是九牛一毛。

讓實驗變便宜，阻力就會減少。有時這與新技術問世有關，不過通常只需要重新檢視假設就能辦到。好好質疑你的假設，你也可能一星期就省下2,980萬美元。

持續創新帶來成長

　　世上沒有這種事：沒有什麼你會在「點子模式」想出一堆點子，接著在「行動模式」讓那些點子成真。別去區分模式，發想與行動必須在不間斷的循環中相輔相成。看看那些快速成長的公司，你會發現背後有回饋迴圈在推動，不斷進行測試、回饋、疊代。一飛沖天的成長，來自連動的「做」與「學習」。同理，缺乏活力的公司必然缺乏充分的回饋，或是雖然蒐集到回饋，但內部無意採取行動。施行點子，卻沒從結果中學到東西，就像閉著眼睛跑步，你可以愛跑多快就多快，要多有自信就多有自信——但你會撞到牆。

　　Nike 與愛迪達（Adidas）是運動鞋品牌的雙雄。這兩間公司的創辦人都執著於細節，與運動員保持密切合作，在真實世界的情境中改良產品。這些創新者明白，如果無法測試效能，並對比原本的設計與疊代後的結果，那麼更改鞋子的設計毫無意義。你愛在鞋面上加多少條紋和勾勾都可以，但你無法從外觀判斷穿上那雙鞋能跑多快。

　　愛迪達的創辦人是德國鞋匠達斯勒（Adi Dassler），他本人熱愛田徑賽，旗下的運動鞋事業始於替賽事改良釘鞋。達斯勒起初設計完鞋子後，會自己穿著跑跑看，但最終他決定，世界級的鞋子應該要由世界級的運動員來測試。達斯勒成為贊助運動員的先驅，說服拉德克（Lina Radke）與歐文斯（Jesse Owens）等明星運動員穿他製作的鞋子參加奧運。媒體的報導讓達斯勒的事業蒸蒸日上，更重要的是，達斯勒因此能在真實世界中，觀察優秀

運動員穿上他的鞋子後的賽事表現。這與在自家後院繫好鞋帶比起來,有著天壤之別。

接下來,德國的奧運田徑隊總教練和達斯勒聯絡,為這位充滿創意的鞋商開啟了另一個甚至更直接的回饋源頭。德國所有的年輕田徑運動員都開始穿達斯勒設計的運動鞋,並回報結果。持續流入的回饋奠定了愛迪達發展的基礎。

數十年後,在五千英里之外,奧勒岡大學(University of Oregon)的田徑教練鮑爾曼(Bill Bowerman)也希望改良運動鞋的性能。鮑爾曼的目的不是賣產品,而是協助自己指導的學生贏得比賽。與達斯勒不同的是,鮑爾曼對於鞋子的製作一竅不通,不過如同先前提到的,你不需要專業的技能,也能快速進行低成本的實驗,測試你的假設。一旦證實某個方向可行,你永遠能再延攬專家妥善執行。鮑爾曼沒有花費好幾年從頭學習一門新的技藝,再自行製造理想中的鞋子,他測試點子的方法是修改運動員腳上現成的鞋子。

「教練總是溜進我們的置物櫃,偷走我們的鞋子。」[4] Nike 共同創辦人奈特當時還是鮑爾曼指導的田徑隊選手,他在日後寫道,「他會花好幾天拆開那些鞋子,修改一些小地方,再縫回去還給大家。我們穿上去後會有兩種結果,要不就跑得跟鹿一樣快,要不就會見血。」鮑爾曼因為是田徑隊教練,坐擁現成的「實驗室」與白老鼠。他製作的所有原型,最終目標都是讓鞋子更輕巧。奈特寫道:「〔鮑爾曼〕指出,一雙鞋削去1盎司,等於跑1英里減少55磅的負重。」從袋鼠皮到鱈魚皮,為了設計出更輕的鞋,他們不得不嘗試大量替代材質,並追蹤對運動員跑步

時間產生的影響。

幾年後，奈特說服鮑爾曼和他合夥，一起進口日本的鬼塚（Onitsuka）跑鞋。鮑爾曼和先前一樣，東弄弄、西弄弄，並由自己指導的運動員測試每一種版本的跑鞋：「對鮑爾曼而言，〔每場〕比賽會帶來兩類測試結果，」奈特寫道，「一個是他指導的跑者的表現，另一個是那些人腳上鞋子的表現。」差別在於，如今鮑爾曼可以把他的點子寄到日本，由鬼塚的專業設計師做出他心目中的鞋。當產品夠接近鮑爾曼的願景後，鮑爾曼和奈特決定成立公司，取得最短的可能回饋迴圈（shortest possible feedback loop），Nike就此誕生。

你要「形成閉環」，在你替所有的點子建立一個簡短而直接的回饋迴圈之前，你無法讓組織的創新大增。是時候停止在黑暗中跑步了。

設計精良的實驗

當Netflix的創辦人藍道夫與海斯汀（Reed Hastings）首度想出郵寄電影的點子時，家用錄影帶太過笨重，運輸成本不符合經濟效益。由於當時沒有其他的配送機制，他們便擱置這個想法，直到新的影片格式DVD在日本問世。由於5寸塑膠碟片的郵費還算便宜，所以一大障礙消失了。Netflix的點子還需要什麼條件才能成真？至少你把DVD寄給顧客的時候，郵局得沒弄壞才行。由於DVD這個新格式在美國尚未普及，海斯汀與藍道夫測試假設的方法，是寄一片音樂CD給自己。歌手克萊恩

（Patsy Cline）的暢銷合輯順利抵達時，兩人知道自己又推進了一步，證實預想中的商業模式可行。Netflix今日的市值達千億美元，但開啟這間公司的實驗成本不到20美元。

利用實驗驗證是一種漸進的過程。當海斯汀與藍道夫得知把DVD寄給顧客的方法可行時，他們前進到下一步，設立一個簡單的網站。在1990年代末，電子商務才剛萌芽，也因此每一個關於線上銷售的假設，全都需要經過驗證。兩人一絲不苟地建立不同版本的電影介紹網頁，看看不同的圖像、文案與頁面連結的組合，能如何刺激DVD的銷售。（他們稍後才推出電影租借服務。）兩人兢兢業業，每開發兩星期就展開一次測試，結果通常是失敗的。

「我們會看著彼此說：『我們剛浪費了兩個禮拜。』」藍道夫在訪談中回憶，「然後我們會說：『OK，要快一點。』我們想辦法走捷徑，改成一星期就測試一次，然後又失敗了。接著我們走更多捷徑，開始每隔一天就測試一次。沒多久後，就變成天天測試。很快的，我們在同一天做四、五次測試。」到了這種頻率時，開發過程就完全談不上小心翼翼與一絲不苟，他們幾小時內就拼湊出實驗頁面，而不是幾星期。即便如此，海斯汀與藍道夫發現，這種便宜、快速、不完善的實驗照樣能提供實用的數據。完美呈現設計有問題的頁面，不會帶來任何獎勵，但要是測試成功、顧客喜歡，那麼即便有錯字和壞掉的連結，顧客照樣湧入網站。進步不是因為有好點子，而是「打造出這樣的測試系統、流程與文化，讓大量的爛點子無所遁形」。

永遠別把**你能做的**（可行性），放在**市場要的**東西之前（可

欲性)。一旦我們利用實驗精確找出人們想要什麼之後,幾乎永遠都能想到辦法滿足那樣的欲望。頭幾輪的實驗永遠都該把焦點放在可欲性。民眾想要這個嗎?如果不想要,那這個呢?只要有可能的話,打造出所有點子的原型,同時試一試。哪個選項明顯是大家的最愛,超越其他所有選項的總和?當你發現某個點子有龐大的需求後,你會訝異可行性的問題一下子就解決了。

用一場實驗,驗證一個假設。網站的造訪者是否點選任何內容?顧客是否打電話來?同事是否出席開會?你做的頭幾場實驗,永遠要比直覺告訴你的還要快速、便宜。看看你能在兩小時內完成什麼。如果你想做的測試需要耗費一天或更長時間,請重新檢視你的假設。請鑽研能帶來大報酬的小問題。你才剛踏進迷宮,不曉得路會通往何方。到底該往左轉?還是往右轉?

最重要的一點是,除非有人表達想要的意願,否則永遠不要打造任何東西。舉例來說,如果你想發明一款具有某種功能的App,那麼不要只是為了評估需求而開發App,請先假裝那個App已經存在。

在科技領域,這有時被稱為「turking」,詞源是著名的土耳其機器人(Mechanical Turk)。土耳其機器人是18世紀能和真人對弈的自動裝置,最後被揭穿是高明的騙局。(有真人棋手躲在「機器」裡。)當亞馬遜把自家的群眾外包引擎命名為Turk後,這個概念更進一步普及開來。當你不確定的時候,想辦法「turk」一下。在你為裝潢啤酒花園添購椅子之前,先擺出廣告牌,看看有沒有人會到四樓喝啤酒。問卷調查沒用,你要依據人們的行動來判斷他們是否想要,而不是他們聲稱想要什麼。在每

一場測試都加入交易的元素，一定要有人前往、點選、購買、加入、簽名，才算實驗成功。必須要獲得承諾才算數。不論你打算提供什麼，想辦法模擬出來，看看人們有什麼反應。如果有需求存在，**數據絕對看得出來**。

接下來要介紹一個簡單但功能齊全的實驗流程，可以配合你的需求改造。你可以當成起步的範例，再讓一路上經歷的事引導你改善實驗方法，得出最適合你組織的做法。

設計測試

如果要在組織內展開單次或一系列的實驗，一個很有效的方法是安排事後的檢討會議，檢視你們的發現。請事先決定好你們預計在會議上討論哪些結果，接下來，開會日期就是你們的基準線，在每個人的行事曆上，從那個基準線往回推，找出每個人需要做哪些事、完成的期限是什麼，才能確保會議照計劃進行。

記住，如果你的實驗無法在一、兩個小時內完成，那就想辦法做簡單一點的實驗，尤其是在你才剛起步的時候。請朝直接、非正式與個人的方向思考。在評估人們的欲望時，永遠有其他**更明顯**的方法，而且這個方法通常是捲起袖子動手做，或是和老派的作風有關，而不是直奔創投資金。你能用一疊紙、一支筆和一些膠帶做什麼？或者，利用容易上手的設計軟體Canva或Adobe Spark，拼湊出網頁、小冊子、海報、線框稿（wireframe）如何？

如果說你就直接拿著產品走到外面，提供給真實存在的人，怎麼樣？韋德林和索恩創辦寵物訂閱盒巴克公司的時候，就

第 5 章　設計實驗測試點子　　139

是找自己認識的愛狗人士,向他們展示裝有狗零食和玩具的原型盒子。「哇,太棒了,」朋友會說,「等你們準備好開業之後,我就跟你們訂。」

「我們的手機有行動支付軟體Square,現在就可以跟你收錢。」兩人會如此回答,他們用這個方法爭取到數十位顧客。[5] 當時的巴克公司還只不過是「一個不太能用的WordPress網站」,兩人就利用手機接受信用卡付款了。注意到了嗎?這和本章開頭的購物中心逛街民眾不同。逛街的人只是聲稱願意光顧啤酒花園,這裡的狗主人可是完成了交易——你要的就是這種掏出真金白銀的數據。

你需要讓事情動起來,所以忘了完美主義吧。每一場便宜、快速、不完美的實驗所提供的數據,能帶你設計出更好的實驗,走向更精確、更相關的答案,不像思想實驗只會讓你繼續思前想後。

你可以視情況運用各種做法:

- 網站加上按鈕。
- 舉行內部投票。
- 設計與分發小冊子、標誌或門把掛牌,放上呼籲行動的網址(URL),或是你能追蹤的QR碼。
- 寄出電子郵件,放上不同的主旨或產品,接著比較信件被打開、點選或回覆的比率。
- 貼文或寄送訊息給社群媒體上的目標用戶,並追蹤回應情形。

- 準備兩種版本的投影片簡報結尾，並找同事測試。
- 有好幾個選項時，讓與會者有機會投票決定。
- 在客服電訪時提供優惠，再追蹤回應。

不必擔心你的測試會不會**太簡單**了。你就去做，一直做下去。下次永遠可以提高門檻。從盡可能簡單的小事做起。

如果你有郵寄清單，不要一次寄給所有人。先寄給清單上的一小部份人，確認方向對了，才擴大寄信的範圍。如果沒有現成的郵寄清單或客群，則你需要另外想辦法找人，但不要過度依賴身旁的親友。親友的動機是支持你，而不是證明你錯了；此外，親友有可能無法代表你的目標市場。請與你的解決方法打算協助的對象接觸。人們是否在X（前稱為推特〔Twitter〕）或臉書上抱怨這個問題？那些才是你要聯絡的人。人們是否湧進Reddit、Twitch或Discord的某個主題？那些是你應該接觸的對象。去遭遇這個問題的人士出沒的地方，直接提供你的解決方案，看看他們是否買單。

你提供解決方案時，不要用條件句，也不要用試探語氣，否則人們從一開始就會對你存疑。請不要說「我們正在考慮做X」或「您會對Y感興趣嗎」，當韋德林和索恩親臨現場，測試大家願不願意購買狗盒時，他們手中握有Square信用卡讀卡機。不論測試的規模大小，每一場測試的承諾層級都要提到那麼高，否則不能信任結果。

建立假設

在非正式實驗中,建立假設非常關鍵,但這個步驟通常會被忽略。請提前決定好你想證明什麼。你將更改哪些變數?你預期改動後會發生什麼事?你要追蹤哪些指標?明確地**寫下來**,而且一定要讓所有利害關係人士都簽字同意。如果你對於希望探知的事物含糊其辭,那麼每個人都會禁不住誘惑去修改假設,以符合實驗後的結果。

如果要判斷最多人想要的新產品顏色是什麼,那麼不能只看哪個顏色被點選最多次。事先就要決定好,至少需要達到多少次點選,才能進行下一步。如果你沒能引導足夠的流量到頁面,那麼下次必須換個方式實驗。即便時間有限,你會很想趕快有個結果,但「藍色被點選四次、黃色被點選兩次」,這樣實在算不上什麼決定性的證據。請列出你的目標,包括希望蒐集到的數據量,接著調整你的實驗,直到符合標準,而不是為了遷就實驗,調整你的標準。

一開始就建立好假設的話,將迫使你不得不釐清自己希望推動的行為或決定。如果你要評估增加 X 會造成的影響,那就不要同時又改動 Y 和 Z,這樣只會混淆結果,沒有任何好處。目標是盡量比較同一類型的東西,畢竟蘋果比蘋果才有意義。

蒐集數據

更改實驗的任何部份之前,先設立基準線。如果你想測試新招牌對吸引商店客流量的影響,那就先計算目前的客流量。此

外，也要把每日與季節性的變動納入考量。如果你為7月設定了零售流量的基準線，但12月才進行實驗，那麼實驗結果就會出現偏差。

請運用你現有的資源。大型企業都會仔細追蹤關鍵指標，但很多組織沒那麼講究。不要讓缺乏完美的數據成為你的阻礙。舉例來說，新創公司還沒有基準線，但沒關係，可以做A/B測試，改變一個關鍵變數，測試兩種版本，接著比較結果。例如你可以把網站流量導入兩種版本的一頁式網頁（landing page），或是比較兩家門市放上促銷招牌廣告的有效程度。你也可以把不同版本的歡迎詞，分別交給兩位負責招待顧客的員工，或者，寄信給郵寄清單上的兩組人，主旨欄寫上不同的標題。

換句話說，如果有辦法，那就建立一條基準線，但如果沒辦法，也不要為了做對照，浪費一年找出每季原本的需求。速度很重要，跟點子有關的事，現在就做總比不做好。

有始有終

每完成一項測試後，記得要對照結果與基準線，或是比較不同的結果。當你一直都在實驗時，很容易忘記自己正在做實驗。以我們自身的例子來講，有一次傑瑞米和他的太太聊到，自從換成在家自學的新行事曆後，她每天會在相同的時間感到筋疲力竭。兩人在討論這個問題的時候，太太才突然想起來，她幾星期前換成新的行事曆，為的是了解能否提升孩子的專心程度，後來卻忘了這個目的。太太想起自己打算測試的假設之後，便得以用心回顧這次改變所導致的結果，並判斷接下來該如何進行。

各位可能會以為，相較於過勞的家長，大型組織裡的團隊比較不可能忘記做實驗的初衷，但其實企業天天都在發生這種事。人們很容易改動事情，美其名為「實驗一下」，但要是沒坐下來做事後檢討，永遠不會有人去分析數據，更別說是依照數據行事了。事實上，組織的實驗會失敗，大都是敗在這點。

新方法或許比較好，但也可能沒這回事。如果你不根據你的假設來評估結果，那就永遠不會知道確切的答案。實驗效率到底有多大——是否努力過後，從中學到很多？是否得出明確的答案，即便那不符合原本的期待，抑或是結果並不明確？下次能做些什麼，以取得更多可指引行動的重要數據？

實驗能降低嘗試新事物的門檻，但如果把門檻降得太低、過分馬虎，你就學不到東西。你雖然轉動方向盤，但雙眼仍戴著眼罩。如同上述例子，如果你提供的顏色選項，全都只得到屈指可數的點選量，那麼你得想辦法增加網站的整體流量。不明確的數據通常是一種徵兆，代表實驗本身需要加強。在你更改產品或服務之前，先要做的是改良測試方法（下一章會再詳談）。實驗設計不良時，不論什麼點子，看起來都會不怎麼樣。若你尚未證明某個可能性的價值，也還沒發現改成探索別條路會更有希望，你不該往前推進，但也不該放棄那個可能性。實驗早期的努力，其實大多是在替更好的實驗鋪路——不是隨便試一下，就認定真的失敗了。

如果你還是毫無頭緒，不妨請沒有參與專案的同事對你的做法提出詰問，畢竟旁觀者清。請人幫忙檢視你的假設、方法與結果時，要找視角很不一樣的人，像是不同部門、甚至是不同產

業的人。請他們直言不諱，不必手下留情。你的哪項假設其實沒那回事？請留意，此時接受拷問的不是點子，那是進行實驗時才要做的事情。這裡要確認的是實驗本身：實驗是否帶來有用的數據，抑或只是在模糊真相？

確保你完成實驗的最好辦法，就是在流程一開始就訂好事後檢討的時間。在實驗根本尚未開始之前，就空出每個人都能出席的時間。如此一來，每個人都知道最後期限是什麼，並確保實驗結束後會做適當的收尾。如果不確認好時間，那麼其他更緊急的事情，就算最終而言沒有那麼重要，也會把你的實驗擠到一邊去。

修正、重複，必要時轉向

在大多數情況下，設計得當的實驗能帶來你所需的數據，以設計出更好、更精密的實驗。你將能回答更具體的問題，讓你離正確的點子愈來愈近。實驗是在幫忙找方向，而不是告訴你目的地。

當然，如果能得到明確的肯定答案是很棒的。當你找到致勝的組合（例如產品與市場契合度很理想），你就會知道。正確點子的效果不會只比其他點子好那麼一點，而是會一枝獨秀。你將透過Z方法，看見A選項與B選項之間的巨大差異。不過，如果一次只測試一種變數，很難發現這件事。同時做多項實驗的好處，就是能快速看到一系列可能的結果。

舉例來說，當你向朋友提議新生兒可以取什麼名字時，如果只建議一個名字，則不論是什麼名字，朋友都會熱情回應。然

而,如果你提出十個名字,很有可能其中一個讓朋友眼睛一亮的程度,會勝過其他的提議。有效的點子會脫穎而出。

成功雖然很棒,但也不要低估徹底失敗的價值。失敗的意思是你給過那個點子公平的機會,只不過你現在確認一件事:那個點子是空包彈。

白昊(Philippe Barreaud)是在擔任米其林顧客創新實驗室(Customer Innovation Labs)總監的期間,學到該重視明確的NO。組織天生傾向於讓專案成功完成,導致在還沒證明可欲性的情況下,就追求不該追求的點子。領導者未能接受失敗並改變路線,反而投入更多的金錢和力氣,努力讓沒人想要的點子成真。低風險的實驗能阻止你誤入這種歧途,不會不惜一切代價都要成功。「我們帶給組織的價值,有一半是砍掉東西。」白昊告訴我們,「你砍的點子愈多,釋出的資源也愈多,可以拿來發展其他更有機會引起顧客共鳴的東西。」

為了確保你永遠是在犯更好的錯,而不是以不同形式重複同樣的錯,請記得要追蹤你測試的每一件事,**尤其**是失敗的那些。如同Netflix和錄影帶的例子,當科技產生變化,或是市場狀況改變,失敗的點子也許能找到第二生命。此時可以回到先前蒐集的數據,從那裡著手,不必又回到起點。

世上沒有十全十美的實驗能夠回答你所有的問題、解決所有利害關係人的疑慮。要有耐心,不要追求完美,也不要太執著。創新是在釣魚,而不是打獵。

「不要把原型視為解決方案。」白昊告訴米其林的主管們,「原型只不過是幫助我們從做中學,給我們機會在後面的階段重

新調整。別忘了，之後還有時間縮小範圍進行聚焦。但在早期階段，我們都還在尋找各種可能性。」實驗協助我們挖掘隱藏的機會。你聆聽人們感興趣與關注的訊號，有時甚至接收到與你試圖驗證的事相近的點子。如果你願意轉向，則在嘗試錯誤點子的過程中，也有可能找到正確的點子。白昊強調有一件事很重要：你必須把點子放進真實的世界，才能了解什麼東西**值得**放進真實的世界。

　　米其林的團隊開發出一種能管理胎壓的工具，這是越野車主們一直以來都很關注的問題。然而，當團隊向顧客展示新工具的原型時，並沒有獲得太熱烈的迴響，因為越野車愛好者原本就懂得如何處理胎壓的問題。高科技胎壓感應器帶來的便利性，並沒有提供足夠的附加價值來吸引越野駕駛的興趣。米其林團隊發現，越野愛好者真正想多了解的其實是越野道路本身。越野駕駛永遠都想知道，有什麼訣竅能讓他們在熟悉的路徑上表現得更好。此外，他們也想尋找新的路線進行探索。米其林於是轉向，開發出新的App原型，方便越野駕駛分享與地點有關的技巧。相較於胎壓感應器的點子，這個點子立刻大受歡迎。分享越野建議，並非坐在辦公桌前的團隊原本就會考慮的方向。把「錯誤」的點子放在真正的使用者手上後，會產生寶貴的洞見。實務上經常發生這種事。

　　下一章會帶大家瀏覽各種商業情境下的有效實驗。你會發現，重點不是設計出「完美」的實驗，而是快速學習。此時將需要米其林輪胎專家在點子觸礁後展現的靈活性。問一問自己：你願意偏離「計劃」嗎？你能否放棄最初的點子，轉而追求更

好的?如同白昊告訴我們的,「大多數時候,**問題**本身就是問題。」如果你不願意重新定義問題、探索更有生產力的道路,則終將是白忙一場。

第6章

從實驗到實現

靈感同時包含主動與被動的成分。主動是指辛苦求得的專門知識,被動則是敞開心胸、虛心接受。[1]

——羅伯特・格魯丁(Robert Grudin)
摘自《偉大事物的恩典》(*The Grace of Great Things*)

現在你已有了一個逐步測試假設及驗證解決方案的流程。本章會帶大家看在各種實務情境下,實驗是如何帶動創新,協助你從機械式地遵守流程,走向掌握心法。真實世界的例子將協助你舉一反三,找出哪種實驗法最符合自身需求。

吉布森(Bill Gibson)是日本東京藥廠衛采的資深主管,負責帶領阿茲海默療法的研發事業群。阿茲海默症是最常見的失智類型,根據阿茲海默症協會(Alzheimer's Association)的資料顯示,光是在美國,65歲以上患有此症的人數高達620萬人,預計到了2050年,更會攀升至1,270萬人。[2] 找出新療法可說是刻不容緩,然而,依據未經測試的假設前進很危險。為求盡可能有效回應阿茲海默症的挑戰,不論是在實驗室內或實驗室外,製藥業都必須嚴格測試假設,否則後果不堪設想。

吉布森在完成d.school的領導力課程後，希望與我們合作，把實驗心態也帶進衛采。衛采旗下龐大的實驗室天天在做嚴謹的藥物測試，但出了實驗室後，對於點子的發想與挑選，方法依然是老一套的「先思考，再決定」的兩步驟做法。若想促成持續的進步，真正對阿茲海默症的問題產生影響力，衛采必須養成測試公司**所有**假設的習慣，不論那件事是否與製藥有關都一樣。由於衛采面臨必須加快腳步的巨大壓力，養成這個新習慣尤其重要。「在我們急於給出答案之前，必須先確定假設及替代方案。」吉布森告訴我們，「如果我們規定自己必須先找出做事時背後的假設，接著認真質疑，那麼我們自然會開始開發可能改變遊戲規則的替代方案。」

我們在工作中會根據我們對結果的預期來做決定。然而，經常進行真實世界的實驗讓我們發現，即使是我們對企業運作的最基本假設，也可能錯得離譜。為了讓實驗成為根深柢固的習慣，起步的方法是盡可能運用數據引導決策，就連最小的機會都不放過。吉布森於是開始在日常活動中進行測試，甚至就連公司內部的電子郵件這種簡單的事，也能測試一番。

吉布森為了促成新發現，鼓勵阿茲海默症事業群下的各團隊合作，他成立每月論壇，眾人可以在會上用比較輕鬆、非正式的方式分享工作近況、拋出新點子。為了增加出席率，吉布森針對邀請信的標題做了A/B測試。對於一間平日會在實驗室做一千種藥品化合物實驗的公司來說，這算是小轉變。這場非正式的小測試，僅涉及數十位收件人，連對照組都沒有，能有什麼實用的結果嗎？事實證明，這場實驗最終讓吉布森學到一個寶貴的心

得:「明確」有著強大的威力。

如今,吉布森所有請同仁採取行動的電子郵件,最上方的主旨欄都會明確宣布這次的主題、期望的行動和時間。此外,組織裡的人也紛紛模仿吉布森學到的這個心得。除了主旨欄之外,吉布森還適時在公司內注入實驗思維。衛采內部的科學家除了以一絲不苟的精神研發新藥,也開始替其他的事做快速、低成本、非正式的測試。

吉布森告訴我們:「我們正在想辦法做快速出擊的學習練習。舉例來說,我希望探索患者如何與主治醫生展開關於認知障礙的對話。」吉布森沒有規劃、執行為期數週或數月的正式市場研究,而是請衛采員工投票:如果你想評估認知障礙,你會偏好自助式的檢測,還是去看醫生?吉布森解釋:「這種事有可能發生在我們所有人身上。我們發現雖然在家自我檢測比較方便,但大家還是覺得去看一般科醫師會比較放心。」光是請辦公大樓的同仁投票,吉布森就有了實用的探索方向。「我們今日嘗試協助更多醫生留意阿茲海默症的徵兆,並鼓勵定期篩檢。」

各位在閱讀本章的其他實驗例子時,不要把重點放在故事的細節,而是關注潛藏其中的好奇心。請想一想,你能如何採取類似的方法推翻錯誤的假設,或是在點子變成白費力氣前先行驗證。

此外,如果你讀到接下來的某則故事時,心想「**我根本就不會做出那麼離譜的假設**」,別忘了,我們很容易看見別人的盲點,但是當事情發生在自己身上,那又是另一回事了。

第6章 從實驗到實現

賣了再做 —— 男人的箱子

有一則老笑話其來有自:老爸在每年的父親節都收到同一條領帶。大家都知道,幫男性挑禮物有夠難,就算你是男性也一樣。史丹佛大學MBA學生畢克曼(Jon Beekman)因為希望解決這個問題,加入我們的「發射台」計劃。畢克曼聽別人說過,男士禮品是很不好做的商業類別,但他不相信那個假設,畢竟除了情人節、父親節、生日與畢業等常見的場合,人們在一年之中也會因為各式各樣的原因,必須送禮給男性的友人、同事、商業伙伴。既然大家頭疼要送什麼,商家如何能讓送男性禮物的流程變得快速、簡便,甚至是有趣?

畢克曼注意到,禮物盒公司如雨後春筍般出現,不過主要的送禮對象顯然是女性。這類禮盒會依據各種主題與不同的價格,放進五花八門的商品,有如女性雜誌《柯夢波丹》建議的送禮清單成真:把海灘讀物、口紅、香氛保濕霜都裝在一起。禮物盒的概念很流行,但即便《GQ》或《君子》(*Esquire*)等男性雜誌也刊登大量的送禮指南,卻沒人嘗試替那些雜誌的讀者推出相關服務。畢克曼認為,不曉得要送男性什麼的困擾,似乎可用男版的禮物盒來解決。

畢克曼研究禮物盒後發現,評估需求是一大挑戰。你得有各種產品的庫存,而且有的東西很容易壞。要是無法有效評估每個禮物盒的可欲性,你要不就是採購不足,白白損失營收;要不就是進太多貨,倉庫擺滿雜七雜八的東西,有的甚至會腐敗。即便顧客的確被男士禮物盒的概念吸引,但畢克曼的商業點子絕對

會帶來令人頭疼的物流問題。

畢克曼在我們的育成計劃得知,與其信任意見調查的結果,還不如用實驗來評估每種禮物盒的可欲性。為了進行測試,畢克曼找來一個耐用的松木盒(以及拆箱用的鐵撬)當成原型。接下來,他想出六種禮盒概念,接著刪去其中三種,因為他發現要運送酒類會很麻煩。剩下的三種禮盒概念,裝的是零食和糖果,那些東西在大賣場就能買到。畢克曼心想,如果松木盒、開箱體驗與品牌加在一起的威力夠強大,足以讓人接受裡面放的是一些現成的基本商品,那麼要是放進不那麼好買到的高級禮品,就會更受歡迎了。坐而言不如起而行,畢克曼不想讓點子失去動力,如果等到禮盒的每個面向都完善了才推出,那樣太久了。

在想好禮盒要裝什麼之後,他就每樣東西各買一個,接著把三種內容組合,擺在同一個原型木箱前,在一天內完成產品拍攝。畢克曼沒有倉庫、供應商、經銷商,甚至沒有備用的木箱!但多虧這張照片,他有了自己的第一份產品型錄。畢克曼快速架設基本網站,命名為「男人的箱子」(Man Crates),接著上傳產品照片,並為每一種禮盒訂定一個能帶來合理利潤的價格。完成後,他在臉書投放廣告,導流到網站。

訪客開始三三兩兩出現。只要有人購買那些尚不存在的禮物盒,畢克曼就會立刻取消交易,再打電話過去,解釋他的公司只不過是剛成形的一人新創公司。畢克曼會詢問顧客對於他的產品、網站與購物流程有什麼想法。接到電話的買家聽到一切是怎麼一回事後,一開始難免會不開心,但碰上這麼不尋常的事,他們都覺得很有趣。大多數人從未接觸過科技新創公司,他們全都

很樂意分享回饋，說不定自己的意見將成為關鍵。畢克曼在每次通話尾聲都會致贈折價券，未來購買可享半價優惠。

說到這，各位可能會納悶，不是說民調並非有效評估需求的方式，為什麼畢克曼還要在這個階段蒐集意見回饋？以這個例子來講，他其實是驗證了人們購買「男人的箱子」的意圖。他們按下了購買鍵，並輸入信用卡資訊。都做到這種程度了，這群人的看法會很有意義。他們是畢克曼實質的第一批顧客。

大部份的領導者會覺得，提供顧客還不能買的產品會讓顧客失望，風險太大，不能嘗試這種事。但其實不會，畢克曼在幾年後追蹤那群「失望」的首批顧客，發現許多人變成忠實顧客。此外，原型網站提供了理想的實驗室，讓你得以在倉庫塞滿各種不曉得賣不賣得出去的小玩意之前，事先驗證假設。

畢克曼告訴我們：「你顯然想找到有用的東西，但發現的大多是沒用的東西。得知什麼東西有用，是比較有價值的知識，但即便是得知哪些東西不可行，也有助於增強你的判斷力和直覺，下次就知道要嘗試什麼。」

畢克曼反覆研究各種行銷文案，看看哪一個最能引起共鳴，最終鎖定的廣告詞是「沒有蝴蝶結，沒有絲帶，沒有毛茸茸的東西」。這句話並非畢克曼心中的首選，但數據證明顧客買單。畢克曼日以繼夜調整文案和價格，直到他對自己產品的各方面都充滿信心。畢克曼讓市場告訴他，顧客想要什麼，而不是自認為最了解市場。出乎畢克曼意料之外的是，一項實驗顯示嘲諷對手的效果很好。在該公司的「慰問」禮物箱系列中，最有效的一頁式網頁標語是：「別送他禮物籃，不然他會二度受傷。」

既然畢克曼在創業時已經清楚能用什麼價格賣出多少箱，因此庫存只是簡單的計算問題。不過，為什麼要止步於此呢？畢克曼仍然偶爾會利用「不存在的箱子」推出新產品，只要有顧客試圖把實驗箱放進購物車，就會獲得「抱歉造成困擾」的折價券。（如今再也不必讓顧客實際走完交易流程後再取消，因為畢克曼已經透過實驗證實，禮盒放進購物車與實際購買密切相關，也因此光有購物車的數據就夠了，但並非所有公司的做法都和畢克曼一樣。）「男人的箱子」因為持續做實驗，推銷決策很少出現失誤。

靠著以顧客為中心的學習法，「男人的箱子」發展迅速，在2016年名列《Inc.》500大成長最快速的企業第51名。畢克曼目前正在另一個領域創辦新公司，你八成猜到他會如何起步了。

先斬後奏 ——Cybex

安全是健身產業的重要考量，諷刺的是，健身是為了延長壽命、改善健康，卻經常導致受傷。光是晨跑，就可能引發從起水泡乃至心臟病等各種問題，再加上重訓等各種複雜的器材，有可能出錯的地方更是倍增。原本飛速成長的健身器材公司派樂騰（Peloton），在2021年被迫召回一款新型的跑步機，[3] 據傳那款跑步機的特殊設計造成一名孩童死亡、數十人受傷。開發健身器材的新點子時，為了安全，尤其需要反覆實驗。你永遠無法預測，當人們爬上不熟悉的機械裝置時，他們會做出什麼動作，也無法指望用戶每次都會閱讀使用手冊。

帕切寇（Bill Pacheco）剛被任命為Cybex的資深產品設計總監就接獲新指令，執行長要求在年底前，公司要從跑步機產業的老六變成冠軍。由於跑步機是最常見的健身器材，即便只是排名上升三名，也會對Cybex的獲利產生可觀影響。帕切寇思索，究竟是什麼樣的設計變更，才有辦法如此大幅度地刺激需求。是時候運用他在d.school學到的經驗了。

　　在典型的健身房裡，沒教練指導的成人通常都有點年紀、長期缺乏運動，又因為先前沒用過那個牌子的跑步機，很容易被機器快速運轉的跑步帶往前送，種種因素加在一起變得很危險。關於使用跑步機弄傷自己，網路上充斥各種影片，有些人是臉朝下摔倒，有些人則是以其他方式受傷。光是不經意地往旁邊瞥一眼，就可能失去平衡，尤其在跑步機高速運轉時更是如此。（健身房內到處擺放電視機，這可真是好事。）此外，如同派樂騰的例子，跑步機設計的任何更動，都很有可能帶來意想不到的新危險。人們經常貿然獨自使用不熟悉的運動器材，而不尋求協助或遵守使用說明書。更改任何器材的設計時，第一個要問的問題就是：「如果有人在缺乏適當輔助的情況下錯誤操作，那麼最糟的結果會是什麼？」

　　帕切寇知道跑步機有其風險。事實上，許多潛在用戶都因為這種風險而避免使用跑步機。每多一個不懂的新手因為使用不當而受傷，就有更多人害怕到根本不敢嘗試。Cybex該如何讓那些有疑慮的人士，勇於在健身房使用跑步機？如果能回答這個問題，說不定就能帶來執行長想要的產品需求。

　　帕切寇於是朝那個提示發想，前往各式各樣的健身地點，

觀察人們使用Cybex跑步機的情形。要不是因為帕切寇富有同理心，他可能會感到眼前的場景很滑稽。健身房裡滿是整天忙於工作的上班族，運動起來體力不支，雖然努力展現自信，但大部份的人跑了一陣子後，就只能死命抓著跑步機的面板不放。然而，那些面板的設計並非為了在運動時持續提供支撐，而是作為操作機器和擺放私人物品之用。Cybex假設你在使用跑步機時，應該要像在一般的路面跑步一樣，雙臂自由擺動。然而，帕切寇帶著同理心觀察後，發現人們害怕失去平衡。儘管角度很怪，還會妨礙動作，但跑步機的使用者還是會用盡全身的力量，緊抓著面板不放。

如果你看到大部份的顧客都以出乎你意料的方式使用產品，你顯然得重新思考設計的意圖。帕切寇心想，如果加上堅固的把手，不知道能否帶來使用者渴望的安全感。如果把手位於正前方觸手可及之處，但又斜出去，不妨礙使用者邁步，人們就能在運動時毫無壓力地全程抓著。相較於危險地抓著面板，這樣除了比較安全，或許還能吸引到過分謹慎、不肯踏上一般跑步機的新用戶。

帕切寇把這個特別裝上扶把的點子帶回Cybex，但反應平平。原本利潤已經很微薄了，裝扶手還要多加40美元以上的製造成本。再說，加了扶手看起來會很奇怪，和其他品牌的跑步機一起出現在市場上時，Cybex的機型會很唐突。「你這整場簡報，我認為沒有任何可取之處。」研發長告訴帕切寇，「你回去再想想別的吧。」

帕切寇認為，爭論顧客的主觀印象是沒有意義的；相反

第6章 從實驗到實現　157

的，他決定運用在d.school學到的快速實驗法。如果要證明他的概念有可欲性，做實驗會比放投影片更有效。帕切寇到附近一家飯店的健身房，請飯店允許他在健身房內的兩台Cybex跑步機加裝原型把手。飯店經理立刻意會到這件事的潛力。如果能讓飯店免於訴訟，誰在乎把手醜不醜？帕切寇取得許可後，在飯店十台跑步機中的兩台加裝臨時把手，然後坐在一旁觀察。

一個早晨接著另一個早晨，房客們用腳投票。如果原型跑步機是空著的，十人中會有八人選用那兩台，而不選其他八台沒扶手的跑步機。帕切寇詢問原因時，房客明確指出：「那兩台不論是看起來或感覺起來都比較安全。」帕切寇握有數據後，說服Cybex做出改變。到了當年年底時，加裝穩定扶手的機型讓Cybex的跑步機事業成長20%，而且連續成長兩年。

透明實驗──紐西蘭西太平洋銀行

對企業而言，測試版的產品除了能蒐集顧客回饋，還有強迫學習的實用功能。專案若沒能馬上成功，很容易會被塵封、拋到腦後，但這樣是學不到東西的。以公測版本的形式發布產品，將促使公司堅持自己的點子，度過艱難的轉折點，以免背叛那些提供回饋、忍受各種小問題的早期使用者。測試版本能讓開發流程更透明，藉此帶給組織持續改善產品的壓力。

當然，並非所有點子都要公開。有許多珍貴的點子是屬於組織內部的，但同樣能透過測試期達成這個重要的目標。

幾年前，紐西蘭西太平洋銀行（Westpac New Zealand）的

資訊科技（以下簡稱IT）團隊，決定改造旗下數千位分行經理平日不可或缺的一個內部軟體。由於對每一位經理的日常工作而言，那個軟體扮演著關鍵的角色，因此即便只是小幅度的改善，也能大幅提升公司的效率。

企業軟體開發充滿失敗的創新例子，這與人才或技術關係不大，而是與錯誤的制度和獎勵機制有關。在為大型機構打造內部使用的軟體時，實際的使用者在開發流程中很少有機會表達意見，關鍵的決策大多由其他部門的人或組織高層決定。接下來，該產品連同投影片的說明，再由高層傳下。這種由上到下的做法，導致刺激改善的關鍵回饋迴圈短路。由於不滿意的使用者除了辭職之外無法改用替代產品，因此不會有太大的動力解決難用的部份。結果就是企業軟體開發出來了，但很難上手或不好用。使用該軟體因而變成令人討厭的苦差事，人們只是出於必要才去使用。

紐西蘭西太平洋銀行不希望事情演變至此。該銀行的領導者誠心想採納分行經理的回饋，只可惜良善的意圖解決不了問題。當專案進度停滯時，西太平洋銀行請我們為其IT部門舉辦訓練營。雙方一起檢視流程後，我們發現分行經理與IT部門之間，整整隔了**七層**的官僚體制。七層！如果使用者想回報問題，或是建議新增某種功能，他們的建議得被傳七層，才能交給真正負責處理的人員。成功的疊代需要直接的回饋迴圈才能生效，而傳了七層的官僚體制有如傳話遊戲，永遠不會帶來真正的改變。

訓練營想出的第一個點子，是把IT部門「移植」到分行，讓開發者和分行經理一起想出解決方案。對分行經理而言，這個

第6章　從實驗到實現　　159

方案太棒了──至少起初很好。只要軟體出現有問題的跡象，分行經理可以第一時間請開發人員協助。然而，事態逐漸明朗，由於經理要管理業務繁忙的分行，沒有太多時間能全天候持續提供軟體回饋。開發人員最後只能無聊地玩手指，而不是寫程式，白白浪費寶貴的人力資源。

許多企業在大型的嘗試失敗後，就會假裝沒這回事，轉而處理比較好處理的問題。然而，西太平洋銀行透過公司的論壇，分享創新訓練營的資訊，向眾人展示公司是真心投入這個開發流程，組織的各地分行經理都在關切這個本質上是公開測試的新軟體。西太平洋銀行因為以透明的方式處理，為了面子的緣故無法悄然脫身。這是最好的強迫學習，他們只需要一次又一次地解決問題。

關於下一次的實驗，團隊指派產品經理擔任IT與所有分行經理的中間人，但經理的建議很快又被延遲處理或誤解，因為團隊等於是重新引進了官僚制度。

最快的學習途徑，通常是繞著辦公大樓或沿著街區散步。**不確定的時候，走出去就對了**，找個人聊一聊。我們非常訝異於這麼簡單的方法，通常就能啟動創意。我們在檢討會議上，建議西太平洋銀行的IT部門找分行經理聊一聊。為什麼不試試看這個辦法？又不麻煩，轉角就有一間分行。

在轉角那間分行，我們很快發現，對於西太平洋銀行如何改善工作流程、解決各式各樣的小問題，避免生產力減損而白白損失數百萬美元，該分行經理康普頓（Rachel Compton）的點子跟山一樣多。然而，由於透過官方管道提出的建議不曾帶來實質

改善，康普頓還以為組織裡沒人認為那些問題值得處理。實情卻是那七層的官僚體制，導致IT部門根本從未收到康普頓的備忘錄。團隊和康普頓交談過後，決定採取新方法。這次不把IT移植到分行，而是改把分行移植到IT。康普頓前往總部辦公室，直接和他們一起合作研發。

這次倒過來做的效果比上次好太多，康普頓的行程表專為這件事挪出特定的時間，直接與開發人員討論使用不順的確切問題。不久後，團隊就推出這次合作後的首批成果。軟體裡不精確的用語，導致分行打過無數通電話向IT部門請求技術支援，相當浪費時間。康普頓長期意識到這個問題，這次終於有機會處理，讓使用者清楚流程，為公司省下時間與金錢，也讓自己的工作變容易。

康普頓替這次成功的努力創新之舉畫下完美的句點，在銀行的內部論壇大力宣傳這次的解決方案——以及事情的發生始末。康普頓甚至放上自己的照片，讓大家看到像她這樣的非技術人員，也能在現場推動程式上線。西太平洋銀行的其他數千名分行經理，看到和自己一樣的人也能帶來改變後，士氣與參與度都大增。

在組織裡做實驗要盡量透明，讓自己沒有退路，不得不學習、持續堅持下去。此外，記得要讓遇到問題的當事人和解決方案的設計者直接相連，並讓其他每一個人觀察事態的發展。

此外，如果打破僵局意味著需要你離開座位和另一個人聊天，就算是你不太認識的人，也別害羞。這樣的面對面互動，將是最豐富的創意來源。

弄假直到成真 —— 普利司通

威爾許（Erica Walsh）任職於日本輪胎製造商普利司通（Bridgestone），她的創意團隊希望跟上新興的共乘服務，請我們協助想辦法。團隊研究後得知，Uber與Lyft的司機碰上車子出問題的比率遠高於平均。雪上加霜的是，比起一般人，這些司機也更不願意做平日的車輛保養，因為去一趟保養廠直接等於損失收入。就這樣，沒被發現的小毛病拖久了，最終導致嚴重的機械故障，而且出事時通常正在載客。對共乘司機而言，這樣的拋錨不僅會損失收入，還會害他們在App的評分下降。

如果司機不可能定期上保養廠，我們可以如何協助他們在自家車庫進行例行的診斷？如果診斷出確切的問題，也許他們會願意帶車子去修理。自我診斷或許能預防日後修起來更貴、還會傷害網路口碑的故障。

普利司通的工程師提議，或許能利用置入感應器的墊子，及早偵測到某些問題。軟體甚至可以根據司機的線上行事曆，自動安排車輛進廠修車。這對忙碌的司機而言是好消息，對普利司通來說也是。每次偵測墊發現輪胎過度磨損，普利司通就能賣出輪胎。

威爾許和其他的普利司通高層都喜歡這個點子，看起來這是合理的品牌延伸，也是增加需求的好方法。同一時間，工程團隊也對技術可能性躍躍欲試。什麼核桃雕花，根本不夠看——試一試你能在一片塑膠墊裡，塞進多少自動感應器。

公司內部的所有人都很興奮，接下來的典型研發做法將是

花上6個月、燒掉很多錢,以開發出具備完整功能的原型。至於共乘司機是否**想要**薄如煎餅的診斷套件,這個問題以後再說。不過,這次普利司通沒走那條路。威爾許決定,與其花很多錢強化診斷用的超級電腦,還要做成扁平的形狀,團隊可以先用低成本的方式快速判斷這項產品的可欲性。要怎麼做?弄假直到成真為止。

團隊買了一疊塑膠材質的浴室踏墊,放在共乘司機使用的車庫裡。接下來,他們告訴那些司機,每張墊子都裝有配備尖端科技的感應器。之後,普利司通的團隊趁著晚上的時候,以人工的方式檢查每一輛車,並在天亮前提出詳細的診斷報告。普利司通原本需要耗費數十萬、甚至是數百萬美元來打造原型,但這下子大約只花了18美元就能模擬。

威爾許及其團隊知道,在你確知人們想要之前,永遠都不該讓點子更進一步。這次浴室踏墊測試顯示,共乘司機完全不感興趣,他們不想看複雜的報告預測可能需要更換哪個不知名的零件。愛車人士會欣賞這種精確的診斷,但在這些司機心中,只要車子能跑、能替他們賺錢就好,其他的沒興趣知道。共乘司機只在乎一件事:車子不會拋錨就好。

一旦你把失敗重新定義為學習的泉源,就不會感到挫敗,而是會直接回饋到創新循環中。對威爾許的普利司通團隊來說,這次的浴墊「失敗」帶來一連串的新想法。如果說發現問題的診斷報告根本不需要通知司機呢?如果說公司提供專門的服務,當車子出問題時,在司機沒用車的時段回收車輛,運回保養廠修理,接著在司機用車前歸還,那會如何?如果維修時間太長,該

服務甚至可以提供代用車,如此一來,司機就不必擔心損失任何生意。

雖然普利司通本身沒提供代客維修服務,旗下也沒有出租車隊,但如果實驗證明有足夠的需求,就可以自信地投資開發這些服務,或是和提供相關服務的公司結盟。

做更多測試的時間到了。

大點子,小測試 —— 聯盛集團

人們難免都會認為,大公司的專案需要用大實驗來配合。你要拒絕接受這種邏輯。最高大的樹木,有可能由最迷你的種子長成。在創新流程的開端,就算沒有大型的投資,永遠也能得出有用的答案,並前進到下一步。即便是大型組織的大型點子,也能透過快速、低成本與不完美的實驗來審查。舉例來說,澳洲不動產龍頭聯盛集團(Lendlease)的數十億美元開發,始於一個50美元的臉書廣告。

史雷瑟(Natalie Slessor)是研究職場環境的社會心理學家,她在聯盛擔任資深主管,與眾家企業攜手合作,了解企業持續演變的需求,以決定聯盛面對不斷變化的趨勢時該如何因應。有一次,史雷瑟把潮流引發的點子,帶到我們的創新育成計劃。

在每個工作日的早晨,史雷瑟和其他成千上萬名上班族都要從雪梨的郊區通勤一小時以上,到達市區的辦公室。身為未來工作的專家,史雷瑟清楚彈性的工作安排愈來愈受歡迎。由於雪梨的知識工作者主要用筆電辦公,所以他們週間每天花數小時往

返辦公室實在沒有太大的意義。從財務、環保與實務等層面來看，如果能讓雪梨的通勤上班族偶爾不必往返辦公室，則這個解決方案將能為所有相關人士帶來價值，也造福大眾。

史雷瑟想到，聯盛成功的巴蘭加魯（Barangaroo）市中心開發，有可能是這個問題的解答。巴蘭加魯的地方特色是，街上有高級的零售商店、餐廳和咖啡廳，也有舒適的共享工作空間。工作者可以享受寬敞、雅緻的環境，隨時享用高檔咖啡、有機沙拉和瑜伽課。巴蘭加魯之所以繁榮，是因為它為工作者提供了他們在高級郊區享受到的相同便利設施。史雷瑟心想，既然巴蘭加魯的成功，來自把郊區的便利設施帶進辦公室，那麼聯盛能否反過來，把辦公室帶到郊區？

共享的工作空間可以建立在任何一個有大批企業員工居住的郊區，既符合嚴格的企業安全標準，又提供離家夠近而不會被干擾的空間。如此一來，員工就能把時間運用在更有價值的事，而不是在搭長途火車時玩手機遊戲。對大公司來說，就算每星期只有部份職員使用這個空間一、兩天，照樣能帶來財務上的好處。史雷瑟依據她的研究結果，以令人信服的方式，提出增加彈性能促進生產力、員工滿意度與留住人才。對聯盛的企業租戶來說，這幾項全是關鍵議題。

史雷瑟這種規模的點子在醞釀的階段，一般都會走過複雜昂貴的多階段開發流程，才會接觸租戶進行提案。聯盛會到現場勘查、研究，接著替所有事物定出精準到小數點後兩位的價格。這一切的前置準備工作，要在還沒和任何付費的顧客簽約前就完成。我們在育成計劃見到面時，史雷瑟及其團隊已經針對這種衛

星工作空間的生態系統，思考了整整兩年，但一直沒能凝聚足夠的內部動能，無法真正推動這件事。我們聽到這個點子後，告訴史雷瑟不要再空想，立刻著手為新的工作空間打廣告。不需要花太多的金錢和時間，就能探知是否有市場。由於目標式廣告相當精準，光做小規模的測試就能快速得出高度相關的結果。

聯盛不願意替尚不存在的產品打廣告。相較於「男人的箱子」這類網路起家的新創公司，當公司只服務一小群的大型企業客戶時，會更擔心惹惱客戶或讓客戶不開心。史雷瑟顧及這樣的考量，因此在打臉書廣告時，瞄準住在附近郊區的通勤族，但從頭到尾都沒提到聯盛的名字。任何人只要點選承諾帶來「你附近的巴蘭加魯」廣告，並說出自己服務於哪間公司工作後，就可以加入等候名單，以了解更多詳情。這些報名者顯示出龐大的需求，甚至直指每間雪梨公司各有多少需求。聯盛這下子不必在提案會議上講很多假設性的事，而是可以直接聯絡客戶，告訴對方：「貴公司光是在曼利（Manly）一地，就有500名員工報名想了解更多資訊。請問您願意租多少單位呢？」

聯盛把該試驗性專案命名為「地方辦公室」（The Local Office），一年後熱鬧開幕，吸引不少地方媒體關注。需求從第一天就超出史雷瑟最初的數據，她回報：「我們趕不走人潮。」聯盛測試多種不同的商業模式，最終選定一種效果良好的模式：集中衛星空間的各種成本，由各家企業在雪梨的主要辦公室支付租金。此外，在試驗性專案期間，用戶的空間使用回饋也很寶貴。聯盛從善如流，增加了預約制的安靜房間與免費咖啡供應等措施。雖然這項試驗性專案後來因為新冠肺炎疫情被迫中斷，但

聯盛已經取得概念可行的證據，並持續尋求結盟，合作對象是住宅區附近和「地方辦公室」類似的工作空間。

史雷瑟個人感到這種快速學習的過程令人興奮，她告訴我們：「我不懂為什麼我這輩子都沒有用這種方式工作。育成計劃協助我擺脫『徵求許可』的心態，轉換成『給他們看數據和驗證』。」這次的經驗讓史雷瑟改變她驗證自己所有點子的方法。「像我們公司這種大型企業，往往搞不懂風險和不確定性的差別。」她告訴我們，「舉例來說，投放臉書廣告的不確定性很高，但不等於高風險。真正的風險是錯過洞見。」

先求有，再求好 —— 媚霓米與清晰法律

不要讓完美主義妨礙你快速學習。有的公司追求高品質，如果要他們釋出點子的低擬真度版本，會讓他們非常痛苦。你如果要有制度的組織放鬆標準以更快前進，從而更快學習，他們是真心感到極度不妥。事實上，就是這點給了創業家競爭優勢。新創公司沒有需要符合的標準，因為他們根本尚未設定標準。此外，沒有顧客，也就沒有需要滿足的顧客期待。新公司因此能推動大量的創新。他們除了往上爬，也無處可去。如果大型組織渴望和矽谷的新創公司一樣創新，他們就必須學習如何放鬆、何時放鬆。

宋珠妍（Jooyeon Song）與尤皮斯（David Miró Llopis）加入我們的「發射台」育成計劃時，兩人的點子是客製化的指甲貼片。宋珠妍喜歡修過的指甲，但受不了每次都要在美甲店待上兩

小時。她告訴我們：「我的夢想是，改變我的指甲風格能跟換鞋一樣簡單。」美甲片再方便不過了，但成效通常令人失望，因為每根手指的甲床形狀略有不同，貼美甲片會有難看的縫隙。

宋珠妍和她的創業夥伴相信，客製化的美甲片能替許多顧客解決這個問題。如果你能買到完美貼合所有手指甲床的美甲片，何必要花幾小時待在美甲店？這項產品不僅能節省時間，還能開啟充滿各種表達可能性的世界。顧客可以買到各式各樣的指甲貼片，隨心所欲更換。IG已經讓新一代的美甲師成為明星，然而，除非你住的地方離那些網紅的美甲店夠近，否則如果你喜歡他們的作品，頂多也只能拿給自己的美甲師看，並祈禱他們有辦法依樣畫葫蘆。如果是客製化的貼片，創意美甲師可以把設計投稿到線上市集，接著全球各地的粉絲都能讓那些設計郵寄到自家門口。

這個概念只有一個問題：兩位創辦人都不具備施行這個點子的技術。雖然理論上可以利用顧客的真指甲照片，製造出客製化的貼片，但即便只是原型的版本，也需要影像處理與3D列印的專業技能。

我們告訴兩位創辦人，也許需要，也許不需要。無論如何，技術可行性的問題，可以等到他們確認了可欲性再說。如果真有這種產品，民眾會買嗎？為了找到答案，宋珠妍與尤皮斯拼湊出簡單的網站，寫下幾則文案，並在臉書上買廣告。當訂單開始出現時，他們發揮創意，依據顧客的照片，以手工方式修剪美甲片。成品雖然只比閃亮貼紙好一點，服貼程度還是勝過在商店購買的現成美甲片，這就足以進入下一個步驟。

在證明可欲性後，宋珠妍與尤皮斯加入百得（Black & Decker）營運的一個主攻硬體的育成計劃，取得世界級的工具與先進的技術訓練。兩人的概念執行因此快速改善，沒過多久就和頂尖的美甲師合作，在線上市集上提供許多時尚的設計。對於沒有名人助陣、又幾乎還沒有任何營收的新公司來說，這一步可是一大挑戰。然而，儘管兩位創辦人非常想和網紅談成合作，但他們決定一開始就實話實說。開誠布公讓潛在的事業夥伴了解情況，除了是達成合作關係的必要條件，也是為了讓公司在成長時能維持聲譽。

「我們坐上談判桌時毫不隱瞞。」宋珠妍告訴我們，「我們會告訴對方：『這就是我們公司媚霓米（ManiMe）目前的情況。在這個階段，我們能承諾的只有這麼多。那個則是我們想達成的願景。和你合作將是這條創業之路的關鍵里程碑。』」兩人接觸的第一位設計師對於他們願意分享成本與營收，印象太過深刻，因此願意情義相挺這間迷你公司。宋珠妍回想：「誠實是我們能談成合作的原因。」

此外，這個例子也再度說明，你實際上不需要太多東西，也能推動點子。你不必像創辦Theranos的荷姆斯（Elizabeth Holmes）一樣，模仿賈伯斯穿高領毛衣，還謊報研發結果。如果你把合作者、客戶與顧客加進創意的流程，讓他們參與其中，你會訝異很多人都願意分攤風險。最終Theranos跌落神壇，媚霓米的銷售則扶搖直上。

宋珠妍和尤皮斯如果當初等到技術執行夠完美才測試可欲性，那麼他們現在還會在原地踏步。相反的，他們兩人認定客製

第6章 從實驗到實現　　169

化美甲片是可行的，如果確實有需求，再來想辦法解決細節，畢竟的確有這方面的技術。他們沒浪費寶貴的時間鑽研技術，而是親自動手修整美甲片──便宜、快速、不完美──等到證實需求多到值得投入時間、金錢與精力，再來解決技術的部份。

手工修指甲片聽起來麻煩，但媚霓米早期花費的力氣，跟「清晰法律」公司（Ravel Law）比起來不算什麼。路易斯（Daniel Lewis）與李德（Nik Reed）來找「發射台」時，兩人還是史丹佛大學的法學生。路易斯是律師家族出身，從小就知道律師使用的技術工具既難用又過時；李德則是上法學院後才知道這件事。律師使用的古董級法律搜尋平台，讓準備法庭案件或起草意見書很累人。如果靠翻書尋找相關的判例法、了解判決先例，當然極度耗時費力。你會以為數位科技和網際網路已經讓這件事變得很容易，但法律搜尋龍頭律商聯訊（LexisNexis）似乎已經停止創新，僅提供基本的搜尋工具。此外，可得的資訊不斷膨脹，但相關工具並未與時俱進。

路易斯與李德認為，數據視覺化和機器學習能讓此一過程更有效率。舉例來說，與其以沒完沒了的連結清單提供搜尋結果，為什麼不以視覺方式畫出案例圖，展示有用的連結？或是允許使用者跳到最近期的判決先例？又或者更進一步，搜尋引擎可以發現每次法官同意或駁回某項動議，或者為某位法官識別最具說服力的先例或法律語言？清晰法律的創辦人設想了許多使用數位科技的方法，讓你能迅速鎖定確切的文件或辯詞，取代一行行枯燥乏味的文字，引導律師瀏覽搜尋結果，協助他們找到方向。

如同媚霓米的例子，清晰法律的兩位創辦人都不具備實施

遠大夢想的技術知識。然而，他們還是可以測試可欲性，方法是用紙本的模型，模擬想像中的軟體，向顧客推銷概念。等到有法律事務所想要這個服務後，兩位創辦人再運用從顧客那裡得知的資訊，引導負責寫軟體的開發人員。當該軟體讓願景成真，清晰法律便一飛沖天。路易斯與李德創業僅5年便順利賣掉公司，買主是……律商聯訊。

　　媚霓米與清晰法律的例子都是抱持雄心壯志的創辦人，把可欲性放在可行性之前。他們透過純手工的方法模擬點子，擬真度只足夠做實用的測試。如果這兩個團隊在起步前，先嘗試做出有如最終產品的樣本，那麼他們在建立起可行的事業之前，錢和時間早就燒光了。

　　你的組織有可能不願意在有完整的產品之前，就先向顧客推銷。這種猶豫在短期內可能讓人感覺安全，卻會扼殺生存所需的創新，正如同律商聯訊發現旗下的大客戶開始流向那兩名年輕的創業者，而那兩個人甚至沒有能用的軟體，只是以手動方式模擬出假想的功能。如果你擔心擬真度，別忘了其實可以用很多方法向潛在顧客溝通新產品尚未完成的事實，你將反倒能引發顧客的好奇心，使人情義相挺，不至於令他們感到沮喪、失望。關鍵在於為早期使用者設定期待，並根據你從他們身上所學到的經驗迅速而透明地採取行動。如果沒做對，那就快點處理，並讓大家隨時知道進展。

　　在大型組織要求嚴謹的世界中，實驗是一種解放的概念。正如某位領導者告訴我們的：「我的團隊因此獲准嘗試新事物。當你說某樣東西是『實驗』的時候，你知道不一定要成功，也

不一定要完美。你知道自己這樣做，只是為了學習還不知道的事情。」

學習如何學習 ——BJ's 餐廳

如今，大多數餐廳的外送業務有很大一部份都交給了 DoorDash 與 Uber Eats 等 App。這些中介機構完全掌控著顧客關係，導致 BJ's 餐廳（BJ's Restaurants）等高級休閒餐飲連鎖店陷入窘境。如果訂單有問題，消費者不知道該與誰聯絡。如果他們聯絡 App 廠商，支援服務會判定問題出在餐廳身上，並讓顧客退費。BJ's 希望直接協助顧客處理問題，例如立刻補送漏放的沾醬，但如果餐廳根本不會接到申訴電話，又怎麼可能設法彌補？

BJ's 請我們協助改善外送體驗。他們已經試過在每個外送袋放上紙條：「嗨，我是漢娜，我負責打包您這次的餐點。這是我的個人電話，如果訂單有問題，請聯絡我，我會立即處理。」BJ's 為了測試這個點子，在某間分店的所有午餐訂單裡，全都放進紙條，但出了 23 份餐點後，沒人打來，也沒人傳簡訊。那現在該怎麼辦？放紙條是「爛」點子嗎？

放紙條不一定是爛點子，但絕對是爛實驗，有必要先解決實驗方法。我們向 BJ's 的主管指出，當員工在準備餐點時，已經知道會放紙條，他們會在有意無意間特別留意每張訂單不能出錯。出錯原本就不常見，如此一來更是不可能出現任何錯誤。BJ's 的一般分店，或許每天只會不小心漏放開胃菜一次，也就是說要在每份訂單裡放紙條好幾個月，才能蒐集到夠多的數據。

此時，行銷副總裁提出妙計：「我們來試試故意搞砸某些訂單。」此言一出，所有人目瞪口呆。

「不行。」有人抗議，「我們不能這樣對待顧客。」

問問你自己和團隊：我們願意學習的意志有多堅定？我們是否在意要進步，在乎到願意故意送出錯誤的餐點？事實上，就算你略過這樣的學習，你還是會讓顧客失望，只是你**看不到**而已。舉例來說，BJ's 的各地分店有可能每天不只搞砸一份訂單，然而，當超過半數的顧客投訴全被其他公司攔截時，BJ's 的領導者要如何確認自家的餐廳沒問題？

BJ's 在一天內就能百分之百驗證點子，**並**與仰賴第三方 App 的顧客開闢新的溝通管道。當然，將有少數幾位顧客會因為少了一份沾醬而生氣，但可以在設計實驗時，就設想要如何化解怒氣。如同「男人的箱子」的例子，光是簡單向顧客解釋這是一場實驗，就能翻轉顧客對這整件事的看法，畢竟很少會有大公司主動改善我們的體驗。此外，讓顧客未來消費可以打折，也是消除不快的方法。

你可以透過精心設計的實驗，帶來關鍵的學習，甚至**提升**顧客關係。當你採取實驗心態，開始了解在真實世界測試的好處，你會更勇於在今日小小冒險，避免在未來鑄下大錯。

當測試結果不是那麼絕對或違反直覺時，在你把點子束之高閣前，先想一想測試方法有沒有問題。BJ's 除了檢視測試結果，也檢視實驗設計，得以在放棄點子之前，先發現了測試的缺陷。BJ's 不再把測試視為只有兩種答案的流程，只能找出可以或不可以；從此以後，公司的學習方法也隨之脫胎換骨。

※ ※ ※

　　驗證完點子的可欲性後，請繼續前進，透過更多的實驗精益求精。或許你可以增加利潤，試著逐步提高價格，直到人們不再把產品加進購物車。要深思熟慮、有條不紊。現在你知道人們想要你的東西，那麼可以去掉無關緊要的部份嗎？履行的過程能否簡化？衡量完成某個方面所須耗費的時間和力氣，並想辦法精簡。最重要的是，你要不斷質疑自己的假設。這個解決方案能持久嗎？在各種情況下都可行嗎？這些是你在進入全面生產模式**之前**就要釐清的問題。

　　雖然利用浴室踏墊和手工美甲片可以權充一下，但那只是初期的測試。一旦證實點子同時具備可欲性與可行性，那就讓點子成真。到了這個階段，你需要讓更多人與更多資源加入。當你根據真實世界的數據得出令人信服的實例之後，擴大規模會變得容易許多。好了，你已經測試完假設，並解決相關人士會提出的種種質疑，現在你準備好更上一層樓了。

第二部

升級的實用技巧
Elevate

第7章

挖掘多元觀點

許多點子離開原本發芽的地方,移植到另一顆腦袋之後,長得更好了。[1]

——美國大法官奧利弗・霍姆斯(Oliver Wendell Holmes)

本書的第一部告訴大家,那些能最有效地進行創造、解決問題的人,究竟如何一路從獲得靈感走到滿懷信心。你可以根據我們目前為止的介紹,打造、經營創新實驗室。(如果這個目標感覺有點大,那就先從第4章提到的,用軟木留言板充當研發部門做起吧。)無論如何,你已經學到創新心態的根本知識,你知道在組織裡建立創新管線有哪些基本原則。

在第二部,我們將討論一個核心問題:如何得出突破性的點子?我們在第2章提過,點子不像在超市買花椰菜,隨便抓都有。你必須**培養**點子,把豐富的多元資訊穩定輸入大腦。我們將在接下來的章節,傳授培養點子的藝術。先從最好的創意來源談起:世上的其他人。

※ ※ ※

想一想古代盲人摸象的寓言。第一個盲人摸到象鼻,斷定那是一條蛇;第二個盲人摸到象腿——嘿,剛才那個人弄錯了!這顯然是一棵樹;第三個盲人摸到象牙,心想這還用說嗎?其他兩個人都認錯了,腦袋有問題,這分明是一支長矛。這麼明顯的事情,他們怎麼可能會弄錯?每個盲人可能心裡都會想:「我應該更新LinkedIn履歷。我的同事都是天兵。」

在某些版本的盲人摸象,三人還開始爭執到底誰的判斷是「正確的」。太可悲了,你不覺得嗎?如果他們在能安心發言的氣氛下,分享各自觀察到的事,或許會得出新的答案:這是一頭**厚皮動物**。理想上,三人會用開放的心胸,聆聽彼此的觀點,甚至感激彼此願意針對令人大惑不解的問題,貢獻寶貴的看法。就某方面來說,這三個盲人其實運氣很好,恰巧摸到同一隻動物的不同部位,他們或許能一起拼湊出答案。只可惜那不是故事的結局,也不是多數團隊的結局。

本書主張創造性產出的**品質**——能夠成功解決全新問題的解決方案——主要得靠**數量**。點子愈多,點子也會愈好。然而,你很有可能產生大量的「點子」,但全是換湯不換藥:長鼻子、短鼻子、粗鼻子、細鼻子。在聚焦於最有希望的方向之前,**發散型**思考是完整探索可能性的關鍵。

你想出的點子的多元程度,端視你的創意輸入的多元程度而定。輸入的**數量與多樣性**,對健康的點子流都至關重要。從同事和合作對象,再到顧客和客戶,沒有什麼能取代蒐集各種看待

第7章 挖掘多元觀點　　177

問題的獨特觀點。創意碰撞會激發新的思維。全錄帕羅奧多研究中心（Xerox PARC）與貝爾實驗室（Bell Labs）等培育企業創新的園地之所以能欣欣向榮，是因為領導者召集專業領域極為不同的各界專家，並且拒絕把專家孤立在各自的圈圈裡，而是盡其所能鼓勵交流。

多產的創新者會結交一群志同道合的人與合作夥伴，投資長期的觀點組合，並在一生的職涯中持續獲得報酬。如果你尚未投入時間和精力打造自己專屬的組合，現在就開始吧，結果會令你訝異。沒有什麼比不同心靈的碰撞更能提升創意的了。

羅技的執行長達瑞爾和我們遇過的少數領袖一樣，非常重視外部的觀點。他每天都在同一間餐廳，邀請兩到三位新創公司的創業家共進早餐，聊聊工作上的事。達瑞爾告訴我們，雖然「90%的早餐會都是浪費時間，大概是世界上最缺乏效率的事」，但其餘10%的會面則相當寶貴，不僅能彌補浪費掉的時間，甚至是有過之而無不及。創業家會向達瑞爾展示業界「最尖端的東西」。儘管達瑞爾定期投入大量時間參加這類早餐會，以及其他「缺乏效率」的資訊蒐集，但他依然在任職期間帶領羅技大幅成長。光是過去五年內，公司市值便上漲八倍。

心理學家葛蘭特（Heidi Grant）與領導力專家洛克（David Rock）列舉各種令人信服的證據，證實族群、種族與性別的多元，對商業結果產生正面的效應，主張「非同質性的團隊就是比較聰明」。[2]多元團隊即便在創新方面更有效率，其他方面也沒落後，不只績效較佳，也較少犯錯。我們與組織合作的經驗，以及在史丹佛大學d.school教學的經驗，也能證明這方面的研究發

現。融合多元觀點無疑能帶動創新。

在嘗試於貢獻者之間、團隊之中,或在組織各處建立多元組合時,請不要隨意將不同性別、種族與年齡的人湊在一起。不論什麼性別或血統,披薩連鎖店的高階主管就是披薩連鎖店的高階主管,就算你讓十幾位這類高階主管齊聚一堂,照樣只會得到相同的三種觀點:小、大、起司加大。你真正該考量的人選,是從事不同行業,或具備不同思維、以不同方式解決問題的人。想一想,關於這件事,這世上我**最不可能**詢問的人是誰?蒐集發散型觀點沒有捷徑,也沒有制式清單,關鍵是要有勇氣拓展範圍,尋找與你截然不同的人展開對話。

即便你沒意識到自己對熟悉事物的偏好,也要假設存在這樣的偏好,並設法預防。雖然為問題找到更豐富、更深入、更寬廣的觀點組合耗神費力,但每一分努力都不會白費。我們需要你推測誰會與你意見相左,再與他展開對話,而這樣做需要勇氣。你要擁抱外界,**急切地**找出這樣的人,他們不僅能看出你的思考漏洞,還能提供你意想不到的選擇。當然,這並不意味著別人的建議你都得照單全收,但擦出火花將引燃創意的熊熊大火。

同質性高的團隊能高效執行簡單明瞭的任務。遊騎兵冰上曲棍球隊(Rangers)也許可以從和籃球明星詹皇(LeBron James)的談話中學到很多,但不會因為延攬詹皇到隊上而拿下史坦利盃(Stanley Cup)。不過,成員都很像的團隊並不擅長想出新穎的解決方案。

具備不同專長和經驗的人則會以令人訝異的方式詮釋彼此的觀察,並以出人意料的方式舉一反三。團隊如果能利用範圍更

廣的類比，將能以快上許多的速度，抵達未知的天地。當然，世界觀不同的人們在交會時有可能導致衝突，而你身為領導者的職責，將是確保這樣的碰撞持續引發創意，而不是兩敗俱傷。請把精力引導到問題上，而不是相互攻擊。

就你自己而言，也要盡量製造機會，認識和自己不同的人，並培養這麼做所需要的耐性與寬容。蒐集多元觀點組合的重點，不是事先發現錯誤。你引進外人的目的，不是要讓團隊的一半成員去監督另一半成員的觀點。目標是蒐集你無法以其他任何方式獲得的看法。

挖掘不同的觀點，你將發現最有意思的寶藏。

很冷，不等於你注意到很冷

第1章提到派瑞在911事件過後，由於擔心顧客需求，斬斷了巴塔哥尼亞的點子流。當派瑞意識到錯誤後，他需要新產品，而且速度要快。巴塔哥尼亞的領導團隊於是決定，他們要藉由進軍衝浪服市場刺激成長。

當時的衝浪服市場，由Quiksilver與Billabong等吸引年輕人的創新品牌主導。巴塔哥尼亞如何能異軍突起？在一頭栽進去之前，為了盡可能考量各種方向，巴塔哥尼亞召集多元化的團隊，一群人跑到墨西哥衝浪，一起研究問題。包括派瑞在內的多位公司領導者原本就喜歡衝浪，可以發揮領域專長；然而，這也意味著他們會以特定的視角看待問題。專業知識固然重要，但新手立刻會注意到的事，高手有可能因此視若無睹。為了讓觀點組合能

夠多元化,還得加進「初體驗」(inexperienced experience):有誰夠了解巴塔哥尼亞的業務,幫得上忙,卻又對衝浪一無所知?

為了取得這種關鍵的初學者觀點,公司選中大原徹也(Tetsuya Ohara)。大原當時是管理原料採購的初階員工,以前從來沒衝浪過。事實上,這將是他生平第一次穿潛水衣。一個完全的衝浪與潛水衣新手,究竟會注意到什麼其他人都習以為常的事情?

真正全新的觀點是無可替代的——新手在接觸新體驗時,都會忍不住以慢動作細看每件事。你要好好利用這一點。

大原立刻注意到衝浪有一件重要的事:**這裡的水真的很冷。**派瑞和團隊裡的其他人,理所當然認為要忍受這件事——對他們熱愛的衝浪體驗來說,冰涼的海水是熟悉的環節,但新手可不這麼認為。在大原的認知裡,穿潛水衣不就是為了能在水中相對保暖嗎?他的期待與冷酷現實之間的差距,就是差在「相對」這兩個字。大原差點被凍死,而派瑞和其他成員由於有長期的衝浪經驗,早就習慣那種溫度,正在愉快地衝浪呢。

大原為了轉移注意力,便開始從自身的紡織專長角度來思考這個技術性問題。潛水衣的材質一般是用氯丁橡膠,具備許多良好的特性,但保暖程度顯然不佳;而且,氯丁橡膠乾的速度不快,也不合身,甚至有一股刺鼻的氣味。事實上,氯丁橡膠聞起來就像新輪胎。一定還能以更好的方法解決這個問題。

此外,大原是巴塔哥尼亞的原料經理,他知道石油基底的布料有害環境。即便氯丁橡膠在其他方面都很完美,巴塔哥尼亞也不該採用這種原料。這間公司可是全球最重視環保的製造商。

第7章 挖掘多元觀點　　181

有鑑於上述種種考量,大原制定出刺激點子的框架:我們能如何完全只利用天然的素材,製作出讓人在冷水中也能感到舒適的衝浪服?大原思考這個問題時,想了想大自然中的類似情形。許多溫血哺乳動物能一整天待在濕冷的環境中,卻不會畏寒,例如綿羊。大原想像一群羊漫步在威爾斯鄉間,由於身上有厚重的羊毛,儘管天氣濕冷,依舊怡然自得。更棒的是,羊毛穿在身上,氣味沒有氯丁橡膠那麼難聞。如果從羊毛起步,再加上天然橡膠內襯,潛水衣絕對會更環保,而且不論是保暖、氣味或合身度,方方面面都勝過氯丁橡膠。

不久後,巴塔哥尼亞就開發出一款潛水衣,符合大原框架問題的條件。隨著公司慢慢在這個領域站穩腳步,其他的衝浪服產品也跟進。幾年後,巴塔哥尼亞換掉潛水衣中的羊毛,改用回收的聚酯,進一步減少浪費,但要不是有大原最初的貢獻,也不可能一代又一代開發出更理想的產品。大原最後升任為巴塔哥尼亞的研發長,日後又到他處尋求機會。他構築精采的企業職涯,包括擔任Gap服飾的供應鏈主管,今日則輔導企業的生態創新。

在企業做墨西哥衝浪勘查之行時,大多數製造商只有在團隊已經決定做法後,才會把大原那種層級的員工加入產品的開發流程,但那時要做出像大原那樣的貢獻,為時已晚。巴塔哥尼亞則選擇讓衝浪新手大原加入,並了解他的觀點,也因此醞釀出改變產業規則的點子。

衝浪老手或許也會願意向巴塔哥尼亞購買氯丁橡膠材質的潛水服,但他們一開始會更換品牌的機率有多高?尤其巴塔哥尼亞還只是剛進入衝浪市場的品牌。新手衝浪者才是巴塔哥尼亞能

否獲得認同的關鍵,也因此任何會讓大原印象深刻的事,八成也會吸引其他衝浪新手的注意力。派瑞和其他主管已過分熟悉既有的解決方案,看不清缺點。他們受限於自身的知識,幸虧有「初體驗」助陣,才得以突破。本章將介紹八種運用多元觀點的方法,初體驗正是其中之一。

多角化經營你的觀點組合

以下八種工具,每一種都將協助你把他人的觀點注入點子流。然而,不要期待任何一種會是即戰力。尋求觀點是需要練習的事,其他人雖然是非常好的意見來源,但人們也會堅持己見、剛愎自用,有時還易怒。你懂的,人嘛。

至於工具本身,你可能早已依賴其中一、兩種,但至少會有幾個對你和組織來說是新事物。除了繼續使用原本就有效的工具,也要想一想,能不能多採行幾種新工具,拓展自己的視野。本章介紹的每一種工具,全都經過各種規模、各種產業的審視,且證實有效。不妨將這些工具視為點子流變弱時可以拉動的操縱桿,一段時間後,你會開始感受到哪一種操縱桿最適合用在眼前面臨的問題。

第3章介紹過我們的朋友克萊恩,還記得這位史丹佛大學即興團長的建議嗎?他說:「永遠不要**試著**有創意,勇於做顯而易見的事。」在多元化的團體裡,對某人來說顯而易見的事,對其他人而言可能出乎意料,既能引發思考,又充滿樂趣。你要呼籲大家盡量以最明確、最直接的方式提出想法,不需要努力讓人

印象深刻,也不必試圖具備「原創性」。每個人愈忠於自己的看法、反應與第一印象,並歡迎其他人的真誠發言,則最終的互動結果就會愈令人興奮。如同經濟學諾貝爾獎得主謝林(Thomas Schelling)曾經寫道:「一個人不論分析有多縝密、想像力有多無遠弗屆,有一件事是辦不到的:列出自己永遠想不到的事!」[3] 點子流的神奇之處就在於,三個臭皮匠,勝過一個諸葛亮。

學習圈

學習圈(Learning Circle)是指一群人定期聯絡,共同分享、討論點子。不同於涉及特定職務、專案或企業的技巧,建立學習圈可以提供終生的發散型輸入,我們因此第一個就先介紹這項工具。努力建立學習圈,加以維持,將持續為你一生的職涯帶來好處。

富蘭克林(Benjamin Franklin)除了是戰功彪炳的外交官和政治家,也是雙焦眼鏡和避雷針的發明者,當然,還有以他名字命名的壁爐。此外,每次你在美國公共圖書館借書,也要感謝這位美國開國元勳。富蘭克林的創意貢獻不勝枚舉。如此了不起的創意產出,顯然需要同樣豐富的創意輸入。富蘭克林從職業生涯一開始就有意識地蒐集這些訊息。

年輕時的富蘭克林是費城印刷工,他號召一群熟人,定期舉辦有組織的聚會,致力於促進彼此進步。雖然該團體本身及運作方式多年間不斷演變,但富蘭克林的「共讀社」(Junto)創立宗旨是交換知識,不論是知識的辯論或分享專長。共讀社的成員來自各行各業,但都對個人發展有興趣,致力於推動家鄉的

成長,促使費城成為商業貿易中心。由於共讀社帶來很大的價值,因此雖然每位成員都很忙,各有各的事業與家庭要顧,但他們都願意挪出時間每週聚會。最初的團體也稱為「皮圍裙俱樂部」(Leather Apron Club),延續近四十年,其中一個分支還傳承至今日,也就是「美國哲學學會」(American Philosophical Society)。

就18世紀的社會風氣來看,富蘭克林召集到的那群人,在那個年代可說是多元到不可思議:有貧有富、有老有少、有職員也有商人。當然,他們全是男性白人,但放在富蘭克林的年代,已經是打破藩籬。每個星期五晚上,共讀社聚在一起,分享成員根據自己感興趣的主題所寫的文章。接下來的活動有可能是辯論道德倫理,或是討論別名「科學探索」的自然哲學。為了讓大家遵守禮節,如果有人直接批評他人,或是展開人身攻擊,就要被罰一筆小錢。許多成員沒接受過高等教育,但都充滿好奇心、勇於追求學問,更不用說,他們都熱愛閱讀。唯有具備這樣的人格特質,才會被富蘭克林選中。

事實證明,富蘭克林的學習圈對他的創意產出和事業都有所助益,有時還一舉兩得。舉例來說,當有人提議印製更多紙鈔以促進北美殖民地的貿易時,共讀社也針對這個議題進行辯論。富蘭克林因此獲得靈感,出版了一本匿名小冊子來支持這個構想。發散式輸入帶來創意輸出。富蘭克林的小冊子協助議案通過後,需要印製更多鈔票。你絕對猜不到,到底是哪位年輕的費城印刷工搶到這份好差事。

工匠、藝術家、科學家與企業家,向來會組成刺激學習與

創新的團體。共讀社的效果特別好的原因，在於成員的多元化組合。這一點源自富蘭克林無畏的好奇心，以及美洲殖民地相對人人平等的社會風氣。接下來幾世紀，其他人也試圖複製共讀社的成功，例如今日的企業領袖會召集智囊團，以此打破公司的既有思維，重新獲得外部觀點。帕克（Mark Parker）擔任 Nike 執行長時，曾定期舉辦晚宴，邀請藝術家與其他創意人士一起討論產品點子、集思廣益，探討潛在的合作機會。[4]帕克以設計師的身分展開職涯，日後仍然渴望獲得靈感。他曾說：「我喜歡古怪、喜歡驚喜。」即便帕克大多數時間都待在 Nike 的波特蘭總部，但這些晚宴讓他得以與運動鞋迷、嘻哈、滑板手與塗鴉藝術等都市文化緊密相連。

學習圈有各種形式，但有著共同的關鍵特徵：首先，學習圈獨立於任何單一的組織之外。由於學習圈的目標是集合五花八門的觀點和經驗，因此成員的組成愈南轅北轍愈好。更何況，若核心成員都來自同一間公司，不免會在大的學習圈裡形成小圈子，對於開放式討論構成阻礙。

其次，學習圈必須定期聚會，才能培養出信任感和熟悉度，也能方便一個主題分幾次討論。

第三，學習圈會制定基本規則，讓每次的聚會不至於脫序，例如共讀社規定不得進行人身攻擊。

最後，不論是親自到場或虛擬聚會，學習圈會採取即時聚會，不使用 Slack 等非同步通訊。

除了上述核心元素，學習圈的架構和焦點應該配合成員的個人和職業目標。組成一個團隊的焦點，有可能是特定產業（電

子、運輸、教育）、目標市場（千禧世代、Z世代）或其他的宗旨。以富蘭克林的共讀社來說，其宗旨是促進費城與全體殖民地的文化和商業發展。你的學習圈也應該要有自己的焦點，以促成討論和分享，同時要夠開放，才能有出乎意料的驚喜發現，最後也得具備一定的架構，以免聚會變成聯誼場合。

筆友

達爾文（Charles Darwin）在從事科學研究時，充分利用了郵政服務，定期與十多個研究領域的數百位合作者通信。從展開小獵犬號旅程，一直到最後發表重量級的《物種源始》（*On the Origin of Species*），這數十年間他闡述演化論的主要方式是郵件。達爾文會把自己的新研究附在信中，寄給其他領域的專家，徵求他們的看法。他透過這種方式做出史上最具想像力的知識跳躍，同時也成為廣大科學界的寶貴資訊中心。達爾文的通信習慣除了為自己的研究帶來活力，也串起原本永遠不會有交集的人士和點子。

今日的我們透過電子郵件、社群媒體，以及愈來愈多的線上影音，隨時不斷地往來通訊。然而，我們與他人分享的事，大都是冗餘資訊。我們沒貢獻有意義的見解，只不過是重複同溫層的看法、興趣。筆友這項工具則是透過刻意的互通訊息，擺脫那樣的傾向。你要替他人的工作提出有建設性的看法，也請他們提供你意見。想一想目前和以前的同事、你所在領域的其他專家、導師和徒弟，他們有哪些興趣與追求，接著自問：我能替這場討論帶來什麼？針對目前的主題，我能帶來哪些新的見解？與其附

和別人的話，不如養成推廣的習慣，讓更多人得知尚未獲得廣泛矚目的新思維。這有可能是你本人的想法，也可以是你一路上發現的事。

盡可能定期把想法直接寄給那些會從中受益的人，而不是把你的每一個看法，都傳播給你所能接觸到的每一個人。請努力提高你的訊噪比（signal-to-noise ratio），你認識的人會感激你去蕪存菁，並因此更加重視你說的話。

我們在d.school的同仁卡瓦納羅（Leticia Britos Cavagnaro）為了尋求洞見，會定期與其他系所的學術同仁分享進行中的研究。當她偶然發現某些資料，與同仁或學生的研究相關時，也會寄給對方。如果她慢跑時，聽播客節目提到朋友可能感興趣的軼事或資訊，她會停下來，連忙發送電子郵件。這樣做有點麻煩，但卡瓦納羅的慷慨形成一種偶然分享與互惠的文化，大家很願意一看到相關的資訊，就分享給彼此，範圍遠超過d.school。

使用筆友這項工具時，如果能做到大方分享，而且分享時有選擇性，那麼你也能增強自己的創意輸入。貢獻得愈多，收到的輸入也會愈多。話雖如此，重點還是要放在你能給予什麼，而不是自己能得到什麼。當一個好筆友，有賴於你留意朋友、同儕和同事的興趣所在，以及他們持續努力的事情。也就是說，除了用心分享，也得用心聆聽。

你的朋友圈正在做什麼？他們正在努力解決什麼棘手的難題？從某種角度來說，他們的問題能成為框架，更有效地篩選你以各種方式接收的資訊。定期互通訊息的習慣，將強迫你把自身的注意力，放在對你或他人來說真正寶貴的事。當個活躍的筆友

一段時間後，你的知覺會變敏銳、學習速度加快，同時又能建立良性的循環，以有建設性的方式在朋友圈裡分享。

顧客委員會

不論是哪一行，做生意最重要的任務是了解顧客需求。「人們想買的不是1/4英寸的鑽頭，」哈佛商學院行銷教授李維特（Theodore Levitt）會告訴你，「他們要的是1/4英寸的洞！」[5]你一旦了解這點後，其他很多事情也就迎刃而解了。在d.school，我們強調同理心比任何領導特質都重要。

巴克蘭（Miri Buckland）與巴克漢（Ellie Buckingham）是史丹佛大學的MBA學生，兩人修了我們的課，在成立「登陸」（Landing）這個「視覺策展的數位空間」時，把剛才的道理謹記在心。「登陸」網站提供情緒板（mood board）的設計工具，在上面你可以分享任何事，從喜歡的產品到人生目標都行。巴克蘭和巴克漢為了更能同理顧客，成立由40位「超級用戶」組成的委員會。「登陸」的顧客委員會成員可以看見公司新計劃的早期疊代，並提供回饋。他們甚至能進入公司的Slack，受邀加入內部討論。這種顧客合作儘管有種種潛在的風險，卻能帶給公司價值、縮短回饋迴圈。還有誰會比最常使用產品的人，更適合評估產品的潛在更動？還有什麼時機會勝過在點子剛開始成形時就歡迎回饋？

艾薩伊（Reedah El-Saie）創辦了英國得獎的教育科技新創公司「探索王國」（Xplorealms）。艾薩伊本人是母親，她清楚高品質沉浸式教育App的需求，不過她也知道自己不是終端用

戶。「我不是在遊戲環境中成長的小孩，我也不打電動。」艾薩伊告訴我們，「我知道必須和我們的用戶族群一起設計概念：也就是孩子。」艾薩伊在和孩子、家長與教育人士進行數十次用戶訪談後，她發現這些意見在整個產品開發過程中有多寶貴。「我決定成立由孩子而非成人組成的諮詢委員會。」她表示：「我們命名為『神奇大腦委員會』（Board of Brilliant Brains），簡稱BBB。」BBB今日有一百多名參與者，除了提供用戶洞見，也輪流擔任品牌大使。「為了安全起見，所有的孩子及其父母都在同一個WhatsApp群組。」艾薩伊解釋，「他們會針對美學設計、遊戲玩法理念，以及課程內容方面提供回饋。此外，由於他們身處世界各地，這也有助於快速在不同的國家推出我們的App。」

讓顧客成為協力合作者，為的是趁還來得及大幅度修改之前，先跟你希望會使用的人士分享產品和服務。在為時已晚之前，修正好你的目標，避免滑鐵盧的命運。這種合作愈早發生，就愈有價值。久而久之，公司的顧客委員會將成為一鍋融合眾多輸入的「陳年老滷」，隨時在有需要時提供新建議，為公司考慮採取的每一個行動帶來寶貴的洞見。

不過要注意的是，在你努力於組織內部建立心理安全感之前，不要貿然做這件事。畢竟嫌貨才是買貨人，團隊在開啟意見的水閘門之前，心理要夠強大，才有辦法接受彼此的坦誠回饋。

當我們建議使用顧客委員會這項工具時，領導者會找各式各樣的藉口。他們告訴我們：「我們不能那樣做。我們需要申請專利！」但做不起來的產品，有專利有什麼用？正如19世紀德

國軍事策略家老毛奇（Moltke the Elder）曾經寫道：「任何作戰計劃所能確定的事，僅限於和敵軍主力首度交鋒之前。」[6]事實上，世上沒有任何點子在和顧客短兵相接後，還能毫髮無損。像「登陸」的設計委員會這樣透明的機制，或許不適合你的公司，但總有能與顧客更密切合作的其他方式。顧客的想法是非常寶貴的意見來源，不能等到發布完你的產品才加以考慮。

異花授粉

你和合作者以及工作同仁的關係很重要，但若把**所有的**力氣都投注在身邊的工作關係，有可能會扼殺創意思考。

杜克大學社會學家呂夫（Martin Ruef）表示：如果你讓自己完全只處於強連結（strong ties）之中，你將接觸不到發散型想法，被迫服從團體的思考方式。[7]在你一般的生活圈之外來點巧遇，就算是和產業十分不同的專業人士說說話，也能平衡這樣的問題，帶來寶貴的發現與洞見。不同人際網絡的點頭之交形成的弱連結（weak ties），則能開啟呂夫所說的「非冗餘資訊」流（"nonredundant" information）。簡單來說，我們的人際網絡之外的人際網絡，富含發散型思考的源頭。我們需要那樣的資訊輸入，才能引發豐富的創意輸出。

在一項針對七百多個創業團隊的研究中，呂夫發現，創業團隊的社會網絡如果同時混合了強弱連結，比起只有強連結又相對孤立的社會網絡，創新率幾乎多了三倍。簡而言之，混合型的網絡才健康。成員能同時「取得多元的資訊來源」，同時「避開服從的壓力」。

第7章 挖掘多元觀點　　191

不過，不要為了偶遇陌生人就放棄你親近的人際關係。與其成為社交花蝴蝶，不如平衡你的強弱連結。異花授粉這項工具能讓你在行事曆中注入最佳劑量的社交偶遇。

請試著養成新習慣，而用餐的地點會是你起步的好地方。物理學家費曼在普林斯頓大學的學校餐廳用餐時，總是和其他物理學家坐同一桌，直到他決定混合一下：「一陣子後，我心想：看看世界的其他角落在做什麼會很有趣。」他日後寫道，「所以我要在其他團體桌各坐一、兩個星期。」[8]認識新朋友引發費曼的好奇心。他和哲學家同桌吃飯後，加入他們的每週研討會；生物學家也說服他攻讀生物學的研究所課程。費曼的跨領域探索豐富了他的想像力，也拓展他的視野——生物學家華生（James Watson）甚至邀請他到哈佛大學的生物學系演講。如果費曼每天多挪出的一小時，只和其他物理學家一起聊老本行，這位傳奇思想家還能獲得如此豐盛的精神食糧嗎？

類似的例子還有貝爾實驗室的研究部門主管貝克（Bill Baker），[9]他會找每天在員工餐廳看到的第一個人一起吃飯，「不論那個人是真空管工廠的玻璃工，還是半導體實驗室的冶金專家」，接著他會「溫和地與那位員工談他的工作、個人生活和點子」。貝克對於細節有著非凡的記憶力，他可以找到不同研究領域之間的重要連結，看見原本不會被注意到的事。這個簡單的用餐習慣打破部門間的藩籬，把事情串在一起，激發出新點子。

如果你沒有現成的員工餐廳，那就安排聚餐吧。殷艾美（Amy Yin，音譯）是軟體新創公司「一起辦公」（Office Together）的創辦人暨執行長，她定期舉辦晚餐聚會，「刻意把

〔自己〕最有才華的朋友湊在一起」，鼓勵異花授粉。殷艾美鼓勵與會者分享自己的業務中目前最重要的事，挖掘「不可思議的綜效」，把人與工作、投資者，以及其他機會連結起來，她說：「我的一家投資組合公司，他們的頭五名客戶，有三個人是我介紹的。」

如果你在一家大公司工作，那就接觸其他部門的同事，定期邀請他們喝咖啡。Marich糖果公司（Marich Confectionery）的執行長凡單（Brad van Dam）在上過我們的課程後，開始在公司內四處走動、隨機向員工徵求點子。員工起初不確定執行長在做什麼，但自從有維修技師的建議變成新產品後，大家便開始踴躍提供建議。員工發現執行長不是在作秀，而是真的聽進他們的意見。

請尋找節點，認識那些跨部門工作的人。在各領域之間的交會處，是你最可能找到有用發現的地方。此外，盡你所能，讓自己變成節點。自願接下跨部門的專案、加入委員會，或是加入公司的球隊。一有機會，就接觸平日生活圈以外的人。你永遠不會知道，不同的觀點何時會讓你看見新的可能性。

強連結能有效完成工作，但弱連結會讓我們遇上最令人興奮的發現。

初體驗

若想要取得一個全新的視角，那就邀請另一個領域的專家。在某個環境中發展出一套技能後，將帶給你一套特有的隱喻、捷思法和其他實用的心智工具，可用來解決問題。當換到另

一個陌生的環境時，專家通常可以把這套工具箱套用在新問題上，並得出有意思的結果。他們或許不知道某個問題的「正確」解法，但他們試圖以**自己的**方式解決時，有可能帶來引人入勝的探索途徑。如同大原在巴塔哥尼亞的例子，把 A 領域的專長用在 B 領域，有可能帶來豐碩的成果。如果一般的專業做法無法解決問題，那就請領域不同的專家來解決。

有些人擅長自身領域，但先前不曾把專長用於你的特定用途，你可以邀請這些人合作，藉此獲得初體驗的好處。漫威經常找拍過其他片種的電影製作人，來執導他們個人的第一部超級英雄電影，例如找維迪提（Taika Waititi）拍《雷神索爾3：諸神黃昏》、找瑞德（Peyton Reed）拍《蟻人》，他們倆之前都拍喜劇；又或是找拍劇情片的庫格勒（Ryan Coogler）拍《黑豹》，以及找拍驚悚片的華茲（Jon Watts）拍《蜘蛛人：返校日》。漫威在製作特效動作片方面已有深厚的專業知識，何苦再找相同類型的人才？

若要挖掘意想不到的洞見，另一種方法是在不同部門之間調動專家。套用 IBM 前執行長小湯瑪斯·華森（Thomas J. Watson Jr.）的話來說，IBM 能在 1960 年代開發出革命性的 System/360 系列電腦，靠的是「強迫人們換邊」。[10]當時公司內部的小型電腦部門與大型電腦部門水火不容，產品開發長對調兩個部門的負責人。華森表示，對團隊來說，此舉的合理程度「有如選蘇聯的赫魯雪夫（Nikita Khrushchev）當美國總統」。然而，這個險招奏效了。

依凡斯（Bob Evans）從小型電腦部門轉調到大型電腦部

門後,立刻意識到把IBM**所有的**運算產品都轉換至單一相容系統,將有多麼重要。此舉不但能節省各部門的工作,顧客也能隨著自身需求的成長,從小電腦換到大電腦,而不必重寫所有的軟體。透過整合公司的各項業務後,這位小型電腦的專家讓大型電腦部門的競爭力大增,IBM就此稱霸商業運算數十年。

留意新手說話

大多數時候,我們應該信任傳統智慧的守護者,他們幾乎總是對的。然而,經驗的重量有時會把專家的思考定錨在原地。對專業人士來說,要區分某個點子究竟是革命性的點子或是無稽之談,難度要高出許多。為了避免落入這種陷阱,請給組織內的新人發問與提出點子的空間,即便他們問的問題透露出無知,或是他們的點子聽起來很荒謬也一樣。這是因為新手不知道他們的貢獻有多大的價值,如果不給予一定的探索空間、聽新手說話,則組織不可能在已知的視野外發現機會。

佳士得(Christie's)是傳奇的英國拍賣行。道爾(Meghan Doyle)第一次聽說「非同質化代幣」(non-fungible token,簡稱NFT)這種東西時,她是紐約佳士得的初階圖錄編製人員。NFT與比特幣和其他數位貨幣相同,都是以區塊鏈為基礎,使得出售獨一無二的JPEG等數位藝術或其他數位資產成為可能,至少在某種層面上來說是如此。

除了技術很新奇之外,是否有可能讓顧客相信NFT所代表的價值?對於那些在拍賣界有多年經驗的人來說,直覺的答案是否定的。不過,在藝術商業這一行,道爾相對而言還是新手,

她知道的東西不夠多，無從判斷什麼事會不會成功。在2020年底，當某件納入NFT的實體藝術品被悄悄釋出，為佳士得帶來超出預期的拍賣佳績，這時佳士得的領導階層接到足夠的洽詢，迫使他們展開進一步的研究。然而，該由誰來探索這個商機？道爾符合需求。首先，比起部門裡的資深成員，道爾有更多的時間和精力；第二，她是真心對NFT感到好奇。相較於太累或太忙的老鳥，新人能為帶有風險的探索注入精力與熱忱。

道爾非常樂意投入時間、精力接下這個專案，與區塊鏈和NFT平台的專家談論數位藝術家。新手犯錯的後果不會太嚴重，人們對新手沒有太大的期待，怎麼樣都可以。

道爾與某個正在實驗NFT的平台交談，並展開「加密貨幣速成班」。接下來，道爾向上級提議做簡單的測試：在2020年的拍賣會上，拍賣一件沒有實體元素的純數位藝術品。如果那幅藝術品沒有任何實體元素，數位代幣是否足以帶動拍賣呢？這個點子起初遭遇阻力，畢竟拍賣目錄上已經有太多待售的實體藝術品了。然而，道爾憑藉著新人的熱情堅持嘗試，最終解決實務的考量，讓內部各部門也跟著燃起希望。

道爾指出：「如果沒有人感興趣，我們總是可以把那件作品藏在拍賣會的後面，假裝沒這回事。」佳士得冒險一試，最終與正在NFT界崛起、別名Beeple的數位藝術家溫克曼（Mike Winkelmann）視訊對談。拍賣行內部上上下下都支持後，溫克曼的作品《每一天：最初的5,000天》（*EVERYDAYS: The First 5000 Days*）本身成為大事件，登上2021年初的單一品項線上拍賣。道爾顯然成功推廣了加密貨幣，拍賣行首度決定接受數位貨

幣。《每一天》的起拍價是100美元,畢竟這仍然是一場實驗。然而,在頭8分鐘內,出價就從100美元上升到100萬美元。佳士得這下子明白,道爾貢獻的觀點遠比任何人想的都有價值。那幅作品最後以6,900萬美元成交,藝術的世界就此永遠改變。

在洛克希德・馬丁(Lockheed Martin)的臭鼬工廠(Skunk Works)部門,年輕的數學家奧瓦霍塞(Denys Overholser)從塵封十年的技術論文中發掘出一條公式。[11]那篇由俄國科學家撰寫的論文,提出讓飛機躲過雷達偵測的方法,但很不巧,那樣的設計方法與傳統的空氣動力學背道而馳。洛克希德的工程師嘲笑奧瓦霍塞的點子,還開玩笑說,應該要仿照異教徒的對待方式,把他綁在柱子上燒死。但沒想到新上任的計劃總監李奇(Ben Rich)竟然批准了這項專案。

「我們大部份的資深工程師使用的計算尺,都比奧瓦霍塞還老。」李奇回想,「老工程師無法理解,為什麼這個狂妄的小夥子一下子魚躍龍門,被我奉為上賓,看上去主導了我走馬上任後的第一個大型計劃。我試圖解釋隱形技術仍在萌芽期,直到奧瓦霍塞為我們發現理論,人們才開始理解。但他們還是不服。」最後的設計成果有著極小的雷達影像特徵,幫助洛克希德・馬丁搶下高利潤的國防訂單,鞏固了臭鼬工廠部門在航空航天歷史的地位。奧瓦霍塞的新手直覺,直接催生出洛克希德的F-117A夜鷹,也就是史上第一架隱形戰機。F-117A日後在波斯灣戰爭與其他戰役中,扮演著關鍵的角色。

純粹缺乏經驗還有一點也值得一提,那就是新血。舉例來說,哈佛商學院教授希爾(Linda Hill)每次寫新書時,都會把

一名剛畢業的大學生加進團隊。她某次寫書時，24歲的合作者建議用章魚當隱喻，解釋某個組織學習理論。那個點子後來證實很有效。希爾的桌上今日擺著章魚的素描，提醒自己新手觀點的價值。

希爾告訴我們：「如果我書一本接著一本寫，內容會變得千篇一律。新手會再次把事情弄亂，由於他們是第一次處理問題，使我不得不挑戰自己長期持有的假設，被迫停下腳步，以不同的方式看事情。這種事令人沮喪，但可以提升品質。」

最後再提一個我們個人的例子，說明留意新手意見的力量：傑瑞米的父親老奧特利（Jay Utley）是律師，有一次，他代表GEICO保險的母公司及其子公司，在美國最高法院陳述案情。那次贏得訴訟的辯詞，來自一位執業經驗僅18個月的律師。那位新律師走進老奧特利的辦公室，想要問一個「笨問題」，老奧特利決定聽聽看他要說什麼。那**的確**是個笨問題，經驗較豐富的律師會選擇無視；然而，那個問題引發了一連串有用的提問。由於這位年輕律師願意發問，他協助打贏了官司。傑瑞米的父親日後成立一家新的法律事務所，聘請的律師幾乎清一色是新手。他已有專長和經驗，而他需要的是新鮮的視野。

互補的合作伙伴

藝術、科學與發明的歷史，讓人看見雙人組合的驚人力量：藍儂（John Lennon）與麥卡尼（Paul McCartney）、賈伯斯與沃茲尼克（Steve Wozniak）、美國民權運動者安東尼（Susan B. Anthony）與斯坦頓（Elizabeth Cady Stanton）。為什麼兩個

南轅北轍的人湊在一起，竟是世界級成就的公因數？這絕不僅是提供精神上的支持那麼簡單。

心理學教授鄧巴（Kevin Dunbar）所謂的分散性推論（distributed reasoning）——也就是創意合作——其價值在於另一個人協助我們看到自身的盲點。[12]不論你有多擅長自己的工作或是有多少經驗，總會受限於個人的單一視角。合作的美妙好處在於，我們每個人都有**不同的**盲點。

鄧巴的研究顯示，合作能刺激創新的原因，在於我們看不見的事，通常別人一眼就能看見。（別忘了克萊恩的格言：「勇於做顯而易見的事。」）兩個人會勝過一個人，原因是兩個人看著同樣的畫面，卻可能得出截然不同的結論。想一想三個盲人摸象的故事，調和不一樣的結論，將帶來出乎意料的發現。鄧巴的研究顯示，如果同一間實驗室的科學家，輪流替相同的數據提出不同的解釋，那麼這間實驗室的進展，會多過其他做相同研究的實驗室。每位科學家各自做的歸納，將引發彼此的發散型思考，形成點子的連鎖反應，加快創意輸出的速度。

巴丁（John Bardeen）與布拉頓（Walter Brattain）在貝爾實驗室合作開發固態電晶體。[13]巴丁是理論物理學家，他會在黑板上寫方程式；同一時間，身為實驗物理學家的布拉頓，則會用免焊萬用電路板（俗稱麵包板）做出那些點子的原型。布拉頓會將自己的發現回饋給巴丁，巴丁再用這些發現修正方程式。兩人來來回回，從黑板到麵包板，理論物理學家與實驗物理學家共同完成了一項改變世界的科技創新。

我們兩位作者本身也是二人組，我們偏好這個策略。沒有

第7章 挖掘多元觀點

這個策略,就沒有這本書。此外,我們不是唯一如此重視伙伴關係的人。如果你仔細觀察,你會發現不論是書籍、企業或建築,幾乎每一項重要的人類創舉,最初都有兩個截然不同的發起人。如果你想要創造新事物,光靠自己的角度是無法看得太遠的。我們所有人都會犯下邏輯錯誤,也全都有盲點。我們自身的特殊性格,有可能妨礙我們個人的努力,但也可能成為合作伙伴的豐富創意源頭。

　　如同其他許多的創意策略,關鍵是利用差異。如果想找到理想的合作伙伴,那就盡量找光譜上相隔最遠的人——任何光譜都可以。不論是來自非常不同的背景、擁有不同的個性,或是解決相同問題時,採取非常不同的做法,這種差異有利於你們之間的互補,而富有成效的合作必然少不了摩擦。我們不知道自己不知道什麼,鄧巴寫道:「個別主體對數據作歸納時,難以推導出替代的論點;此外,在限制或延伸歸納的時候,也面臨極大的困難。」沒有合作伙伴時,任何人能做的事都會受限。

　　即便身處傳統組織的架構,還是有可能找到互補的合作伙伴,無論是正式或非正式的。科奇卡(Claudia Kotchka)帶領寶僑內部的新創事業,需要有人來平衡她的大膽願景。為了讓自己腳踏實地,她會定期求助於自己的財務主管。

　　「科奇卡,」財務主管會告訴她:「我們不能天天都在改變策略。」當然,科奇卡偶爾還是可以轉向、把握機會。身為對照組的財務主管提供的意見之所以寶貴,正是因為他以一種與科奇卡截然不同的觀點看待同一件事。

實話空間

我們在聖塔克拉拉的凱悅飯店舉辦培訓試驗課程後，執行長霍普蘭梅齊（Mark Hoplamazian）召集工作人員，聽取簡報。我們受託的任務是把以人為本的設計，帶進凱悅的日常營運。然而，在我們把培訓課程推廣至整個組織之前，想先確認我們的方法是否適合凱悅的特定需求。霍普蘭梅齊於是問在場的30名員工：這次的培訓課程怎麼樣？

「非常精采。」有人回答。另一個人也說：「我們很喜歡。」

接下來，一陣沉默後，有人舉手。

「我得承認，這整件事不適合我。」有位女士站起來告訴所有人，「老實說，整個過程中我都覺得不舒服。」霍普蘭梅齊點頭，鼓勵她說下去。「講白了，」她又加上一句，「我一點都不想要繼續下去。」這位女士一吐為快，坐回位子。

天啊，說出那些話需要勇氣，畢竟我們太容易附和眾人的意見。前文提過，心理學研究證實，我們所有人都有強烈的潛意識偏誤，想要加入共識。一旦其他員工表示贊同後，要表達不同的意見會難上加難。這不僅是顧慮同儕壓力，你還會因為共識，潛意識改變自己實際的觀點。你很容易跟著點頭附和，即便你先前不是那樣想的。

由於我們的目標是得出最多元的觀點，所以積極抑制這種附和的直覺很重要，此時最重要的工具是「實話空間」。若你身為領導者，務必要明確建立心理安全感，支持、授權給團隊的每一位成員，讓他們能表達真實的觀點，不論那個觀點落在光譜何

處都一樣。如果不鼓勵不同的意見,甚至去懲罰分歧的看法,則共識將主導每一個決策。

在執行長霍普蘭梅齊的努力下,我們在聖塔克拉拉凱悅培訓試驗課程的30位參與者,全都有那樣的安全感。霍普蘭梅齊讓他的資深主管團隊拍攝影片時,鼓勵在培訓課程中突破傳統與文化。在其中一支影片,財務長舉著牌子:「不必害怕打破常規!」每位受訓的創新者,甚至拿到執行長頒發的大富翁「免費出獄卡」,以減輕對於嘗試新事物可能威脅到他們職涯的擔憂。這就是為什麼在關鍵時刻,抱持不同意見的參與者對於潑冷水感到安心。

這位女士有話直說,這點非常好,因為我們所有人根本沒想過有「退出這項計劃」的選項,她的發言引發一場寶貴的討論。理論上,凱悅的所有員工都能要求不加入以人為本的設計培訓課程,但如果沒有明確的流程,員工能安心不加入嗎?大概沒辦法,他們不免會關切會不會影響到自己的前途。這給了我們新框架:我們可以如何在社交層面和情緒層面上,讓不願加入的參與者放心退出?不論他們的理由是什麼,心不甘情不願的態度只會拖累其他人的進度。前文提過,創新的流程必須有一種有趣的實驗感——有人咬牙切齒躲在會議室後面,只會破壞樂趣。在聖塔克拉拉的凱悅,那個唯一和別人不同的聲音帶來了靈感,讓員工可以按照規定退出計劃而不必擔心後果,從而大幅增加參與者心甘情願投入的比率。

「謝謝你。」霍普蘭梅齊在討論的尾聲對這位員工說,「你能說出來,真是太棒了。」

坦率是點子流的關鍵。有說實話的空間時，人們會對於**給予和接受**批判性的回饋感到安心。在發想過程中，每個觀點都是寶貴的。事實上，讓兩個人、五個人或十個人都同意一個點子，並不會讓你更接近正確的點子。在點子發想期間，每增加一個觀點的價值，取決於那個觀點相對於共識的距離。投票無法篩選點子，那是實驗要做的事。

　　一般的看法是，在創意流程中沒有批評的餘地。如果每個人感到目標一致、大家都在同一艘船上，就能在不攻擊彼此的前提下，從彼此的點子出發，加以延伸、推翻或發散出去。一切都是為了增加點子流。

　　克洛夫（Jesper Kløve）是製藥工程公司NNE的執行長。有一次，他感到有必要向員工強調共同的目標，於是帶大家走訪實地。不是市場那種實地，而是去樹林裡。克洛夫告訴我們：「我們製作10公尺長的松樹木筏，然後在上面生活好幾天。」由於那艘木筏太大了，以至於克洛夫的工程師團隊必須齊心協力，才有辦法划槳順流而下。眾人努力克服大自然的障礙，期間還分享各自的人生經驗。幾天後，團隊的氣氛發生變化。克洛夫回想：「到了尾聲，我們所有人，包括我自己，都哭了。」這種事聽起來好得不太真實，但NNE的執行長得到的結果證實這種做法有效。木筏是讓大家一起划槳的隱喻。如果團隊能在沒人溺水的情況下征服河流，那麼也能在腦力激盪時實話實說而不會傷到彼此的自尊。「信任是世上唯一買不到的東西。」克洛夫告訴我們，「信任必須是贏來的。」

　　創造出實話空間的方法，就是付諸行動。即便你無法帶團

第7章　挖掘多元觀點　　203

隊走訪大自然，也能以其他方式營造心理安全感。你可以鼓勵團隊分享尚未完成的工作，廣徵意見，你可以先從提供自己的點子開始。唯有透過不斷強化相關的行為──例如和霍普蘭梅齊一樣，歡迎不一樣的聲音──才有辦法讓大家都有話直說，讓坦率成為公司文化的一環。

儀式可以助你一臂之力。皮克斯每天都會開例會，讓電影導演和公司內的其他人一起檢視工作成果。[14]每次開會的目的是徵求「有建設性的中期回饋」。共同創辦人卡特姆（Ed Catmull）表示，訣竅在於處理回饋的方式：「參與者學會暫時放下自尊，因為他們即將讓主管和同事看到尚未完成的作品。這件事需要所有層級的人員都參與。我們主管的工作是促進、建立能坦誠相見的安全空間。」同事分享尚未完成、還不完美的作品，接受未經修飾的回饋，再保留有用的意見、去蕪存菁，這並非我們與生俱來的能力。皮克斯會特別鼓勵新進人員，因為有的人在碰上較有對抗性的環境時，習慣採取防禦的姿態。「當尷尬消失後，」卡特姆寫道，「人們會變得更有創意。你讓大家能安心談論很難獨自解決的問題時，每個人都能從彼此身上學到東西，並獲得靈感。」要做到這一點，需要同理心、耐心，以及最重要的是，你要願意展示自己脆弱的一面。

鼓勵與歡迎不同的聲音，並不等於你得照單全收所有的回饋意見。以凱悅的例子來講，不同的聲音引發了珍貴的討論，並帶來行動。不過，只有一個人抱持異議的話，通常是有原因的，此時可以安心忽略那個分歧的觀點。只不過在略過之前，你必須冷靜聆聽不同意見，並根據其優點來判斷貢獻程度。如果沒有人

能放心提供不同的觀點，則你永遠都無從得知是否有某個值得考慮的替代方案。你能承擔忽視那個可能性的代價嗎？

※　※　※

趁此機會回顧一下你目前尋求不同觀點的方法，或許本章提供的策略將為你帶來實用的助力。例如，你可以找一個領域下手，與該產業的同行通訊往來、討論點子；也可以讓意想不到的人加入你目前的專案，請他們提供意見；抑或是向皮克斯的例會借鏡，為團隊建立定期的說實話儀式。不論採用哪一種方法，別忘了為你最急迫的問題引進新觀點，看看會發生什麼事。

不論選擇嘗試什麼方法，不要只做一次就算了。如果你花了力氣採取某個策略，發現很有用，那就把它變成一種日常的做法。本章提供的每一種技巧都需要持續努力，才有辦法收穫最完整的果實。

即便你不是團隊或組織的領導者，我們希望本章依然能鼓勵你把自己的人際網絡視為創意資源。不論是透過學習圈、筆友或其他工具，你都能從合作者、同儕、客戶與顧客身上，挖掘出寶貴的觀點和洞見，讓你的點子流更上一層樓。對許多人來說，這個世界正在進一步轉型成混合型或完全虛擬的工作方式，我們再也無法仰賴茶水間或員工餐廳的偶遇來刺激新的思維。這是史上頭一遭，想辦法刻意與人連結、一同發揮創意，將成為再重要不過的事。

── 第8章 ──

顛覆既有觀點

> 唯有在事後,新點子才會讓人感到理所當然,起初則通常會有一股荒誕感。認為地球是圓的,而不是平的;提出是地球在轉,不是太陽會移動;又或者是物體在動作時需要外力才能停下,而不是力迫使物體持續移動,這些聽上去都荒謬絕倫。[1]
>
> ──科幻作家以撒・艾西莫夫(Isaac Asimov)

    人們說,想成功就得「尋找」機會,就好像機會藏在外頭的某個地方,等著最勤奮、最有洞察力的發明家和創業者找到。然而,更常發生的情形其實是機會遠在天邊,近在眼前。我們不識廬山真面目,只緣身在此山中。

    派瑞是在巴塔哥尼亞公司學到這個慘痛的教訓,他扼腕到從那之後,這個教訓就一直困擾著他。派瑞將在此分享那則故事,希望大家不會重蹈覆徹。本章將解釋如何看到明擺在眼前、正等著你看到的所有機會。

✻ ✻ ✻

    各位的衣櫥裡,應該至少會有一件刷毛材質的背心、夾克

或套頭毛衣。刷毛是一種神奇的紡織物，冬天時，商業菁英甚至會在西裝外套底下穿刷毛背心，以取代大衣。（有錢人跟我們不一樣。）

你可能知道這件事，但大概不曾仔細想過：刷毛的衣服不含真羊毛，甚至和羊一點關係也沒有。刷毛的發明和許多創新一樣，始於想著某個問題：

如果……，那不是很好嗎？

1906年，匈牙利移民費厄斯坦（Henry Feuerstein）在麻州的莫爾登（Malden）開設紡織工廠。費厄斯坦取得的羊毛不僅被製成莫爾登紡織廠出產的毛衣和外套，甚至還做成泳衣。在合成纖維興起前，人們如果在水中或水邊從事活動，或單純只是出汗，羊毛是最好的保暖選擇。羊毛不同於其他的天然纖維，不但不怕水，甚至還能吸收濕氣。儘管如此，羊毛穿起來很厚重，又會刺刺癢癢的。費厄斯坦的公司思考：**如果羊毛能又輕又軟，那不是很好嗎？** 他們可以想辦法透過綿羊育種，獲得材質較為輕軟的羊毛，但也可以先探索另一條路：合成纖維。

1884年，法國科學家夏多內（Hilaire de Chardonnet）利用樹木的纖維素，製造出最早的合成纖維：嫘縈。美國的化學公司杜邦（DuPont）日後又開發出石油提煉的版本，也就是尼龍。尼龍不但有彈性，還堅固耐用，很快就出現在各種產品中，從牙刷刷毛到絲襪，二戰期間還用在降落傘上。

多年來，更多的人造纖維問世，但一直要到1979年，莫

爾登紡織廠才開發出第一種可行的羊毛替代品。方法是不斷刷聚酯纖維，刷到起毛球，看起來就像天然羊毛一樣。莫爾登的新布料既輕軟又防水，保暖度是羊毛的兩倍。最初的名稱是「Synchilla」，也就是synthetic（合成）與chinchilla（絨鼠）兩個字加在一起。刷毛和羊毛一樣，潮濕時不會發臭，也不會吸收體味。清潔的話，丟洗衣機就好了。種種方便的特質讓莫爾登的刷毛非常適合戶外使用，巴塔哥尼亞因此開始製作刷毛服飾。巴塔哥尼亞的刷毛套頭毛衣或許不好看——我們誠實點，真的很醜——但大受歡迎，登山客、滑雪客，以及其他會在寒冷環境中出汗的人士都很喜歡。巴塔哥尼亞的套頭毛衣立刻成為經典產品，莫爾登與巴塔哥尼亞合作愉快。

兩家公司多年合作無間，不斷逐步改善刷毛材質，使其更輕、更柔軟、更保暖，也更防水。刷毛防風又耐用，使用範圍不再局限於戶外，而是開始出現在各式各樣的產品中，從軟骨頭布套到聖誕襪，再到經典的懶人毯，全都有刷毛的蹤影。巴塔哥尼亞也開始把莫爾登刷毛應用在保暖內衣，商用名稱是Capilene。從攀岩到滑雪，Capilene的保暖內衣成為各種戶外活動的標準選擇。派瑞成為巴塔哥尼亞的副總裁時，Capilene是公司可靠的獲利重心。就在此時，一個比Capilene大上許多的機會，來敲巴塔哥尼亞的大門。會有人應門嗎？

莫爾登紡織廠經理帶著可靠消息來找派瑞：有一間新的製造商正在收購愈來愈大量的莫爾登刷毛布料。這是入侵戶外市場的危險新競爭對手嗎？如果是的話，派瑞需要處理這個競爭威脅。結果不是，那個新起之秀做的是健身服飾。好險，鬆了一口

氣。既然這間叫「安德瑪」（Under Armour，簡稱UA）的公司沒打算入侵巴塔哥尼亞的領域，派瑞覺得不必管這個大量採購刷毛布料的新品牌，便回去做自己的事了。

大家一起來仔細看看這個致命的決定。從派瑞的角度來看，巴塔哥尼亞的市場與UA截然不同。當然，UA能急速成長，靠的是販售能讓你在戶外保暖與保持乾燥的衣物，用的是和巴塔哥尼亞一樣的技術和供應商，但UA是個**運動品牌**。即便開始有更多民眾在健身房和運動場以外的地方穿起UA，巴塔哥尼亞依舊沒理會這間公司，因為運動品牌不是對手。這面聯想的高牆讓派瑞與公司其他的領導者，沒看到比巴塔哥尼亞所有的事業相加還大上幾倍的機會。別忘了，此時巴塔哥尼亞沒碰上明顯的問題，事業並非搖搖欲墜，所以激不起反應。巴塔哥尼亞的Capilene內衣照樣賣得嚇嚇叫，但同一時間，一條又一條的莫爾登產線開始專為UA服務。

你可能對這個著名的心理學實驗很熟悉。影片裡，一群人在傳球。受試者被要求數一數總共傳了幾次。影片結束時，受試者說出他們估算的數字。接下來，他們被問到一個簡單的問題：你剛才有看到大猩猩嗎？受試者重看一遍影片，發現中途有一個穿著大猩猩裝的人，直接走到畫面的正中央，開始捶胸，然後走出畫面，但大部份的受試者太專心數傳球的次數，根本沒注意到這件事。[2]

這聽起來不可能，但我們總是沒注意到顯而易見的事。以派瑞的例子來說，有一隻叫UA的大猩猩，直接正對著巴塔哥尼亞捶胸，但巴塔哥尼亞忙著賣保暖內衣，沒注意到這件事。沒

錯，UA是運動品牌，但攀岩、滑雪與登山健行，難道不是戶外運動嗎？如果派瑞和巴塔哥尼亞仔細觀察的話，他們會發現消費者沒分那麼細。戶外市場早就朝著運動風邁進，巴塔哥尼亞經典的1980年代套頭毛衣，那種有著不和諧的圖形和顏色組合的放克嬉皮風，早就不流行。顧客已經準備好迎接優雅的現代時尚，UA日漸成長的市佔率，反映出顧客被壓抑的需求。

對巴塔哥尼亞來說，開發一個針對鄰近市場的小型服飾線來測試需求，其實不必花多少力氣，但該公司卻無憂地無視供應商的提醒。UA今日已經成長至巴塔哥尼亞所有事業的好幾倍。巴塔哥尼亞是否原本有可能把那些價值全收入囊中？或許也不至於，但巴塔哥尼亞顯然錯失大好機會。如果派瑞和巴塔哥尼亞的其他領導者當初能找到辦法，看清擺在眼前的東西，公司或許能打入另一個類似的市場，成長至遠超過現況的規模。

※ ※ ※

企業每天都在犯同樣的錯誤。UA迅速崛起的故事，有一部份是策略上的教訓：別讓其他公司在你的後院做生意。然而，更基本的教訓是簡單又普遍適用的：你要傾聽、看見、留意。如果點子流要有用，除了要有輸入，也得有善於把握的頭腦。光是讓自己暴露於大量的資訊之中是不夠的，如果那樣就夠了，那麼花幾小時不停地瀏覽社群媒體，也會是具有生產力的時間利用方式。世上最容易發生的事，就是看了，但沒看進去；聽了，但沒真的在聽。有效的觀察需要紀律，而這需要努力和技巧，但辛苦

之後會有豐碩的報酬。本章將帶大家看，可以用什麼方法觀察周遭的世界，以培養豐富的創意輸出。

我們通常會訝異於人的感知是如此不同。幾年前的熱門網路話題，包括爭論「藍黑白金裙」（The Dress）到底是藍黑相間還是白金相間[*]，以及你聽到的是「Laurel」還是「Yanni」。從這樣的例子可以看出，相同的感官輸入，大家接收到的東西卻因人而異。大多數人對於某些來自感官的印象，各有不同的詮釋，而這只不過是冰山一角。藝術家和冥想者很早以前就知道，除了「外頭」有一個世界，你的腦中也有一個360度的感官幻想劇場。你感知到的事會改變你的觀點，改變你的觀點也會改變你感知到的事。

為什麼看見明擺在眼前的事會這麼難？要怪就怪大腦太有效率。當我們聽見一個字或看見一個影像，就會召喚出腦中一連串相關的影像、事實和點子。當我們第一次遇到某個不熟悉的事物，大腦就會形成這些聯想，把未知的事物連結至已知的事物，形成不斷拓展的思想網絡。以後每當需要快速下決定時，就能仰賴這些由相關的人、地點、東西與概念構成的固定模式。相較於每遇上一個情境，就要有新的回應，這麼做能省時省力。在電影院要吃什麼？爆米花。你聯想到的食物有可能不同，但**絕對會有**預設的聯想。如果要看見藏在顯眼地方的意想不到之事，你必須降低這樣的聯想高牆。

---

[*] 編按：2015 年，一張連身裙的照片在網路瘋傳，人們熱烈討論這件服飾究竟是藍黑相間，還是白金相間，甚至帶動對於人類色覺差異的相關研究。

本章提供的方法會讓你改變觀點，使你終於能看見眼前的機會。唯有讓平日的感知模式短路，才可能注意到躲在你面前的大好機會。

找出更好的問題

韋德林在本書第2章首度登場，他是戰果豐碩的紐約風險投資公司浦利海的創業合夥人。韋德林身兼投資人、創辦人與顧問，平日靠「留意」維生。對他來說，留意正確的問題是想出任何商業點子的第一步。他自認圍繞著問題打轉，而不是以點子為中心。好點子有可能行不通，但好問題通常會有結果。

韋德林搜索數位的世界，持續尋找更值得解決的問題。不過，他並非漫無目的地瀏覽社群媒體，而會以有系統的方式，尋找適合探勘的豐富礦藏，那種礦藏通常會以新工具和新技術的樣貌呈現。韋德林讓自己位於最前沿，察覺多數人尚未碰到、但終究無可避免的問題。

「你沒買過NFT〔非同質化代幣〕，就無法想出NFT的點子。」韋德林談到，「你必須親身體會過。我每星期會安裝數十個App。每次我嘗試新工具，就會用那個工具打造點什麼，玩玩看。」韋德林善於觀察是因為他的範圍明確且一致。他的大腦即便不確定究竟要找什麼，也知道為什麼要找的原因。韋德林建議：「你就打造點東西，如此才能產生點子。如果我不打造東西，我的點子一下子就會枯竭。」

我們的大腦會專注於目標，傾向於繞過問題，在不知不覺

中想辦法湊合著過。你要被家門前那個突起的石塊絆倒好幾次,才會突然想到要處理這件事。這種習慣性過濾掉生活中煩人事物的傾向,將很難看到值得解決的問題。在你讀這本書的地方,附近大概就有兩間以上賺錢的商家。韋德林這樣的創業家會採用系統性的方法觀察世界的真實情形,留意到值得解決的部份,並用點子來處理那些問題。

第2章提過,韋德林採取的主要辦法是「記錄的紀律」。把事情寫下來可以強迫自己觀察,也能確保你從實驗中學到東西。韋德林會用「……煩死了。」(It sucks that ...)幾個字,激發自己的好奇心。這幾個關鍵字印在浦利海辦公室一疊疊客製化的便利貼上,浦利海醞釀的每一個新事業,都始於某件惱人的事,一個需要解決方案的問題。

然而,不是什麼問題都適合。能快速輕鬆解決的事很無聊。渴了?買罐水就好了。韋德林認為,值得留意的問題會更加深刻,有辦法開啟與顧客的對話,創造出更強大的顧客連結。「Netflix與派樂騰屬於關係資本(relationship-capital)企業。」韋德林告訴我們,「他們試圖進一步了解自家的顧客,好讓產品能協助公司再進一步了解顧客。」你愈知道自己想解決哪種類型的問題,就愈能找到那樣的問題。

浦利海最成功的事業是狗盒訂閱服務巴克公司。韋德林是巴克的創業合夥人,永遠在尋找與狗相關的問題,並根據這些問題能否強化公司與自家顧客的關係來加以篩選。從韋德林的觀點來看,「我家的狗有口臭真煩人」無法促成對話,因為幫狗刷牙,或是餵薄荷味的餅乾就可以了。事實上,巴克今日提供狗的

牙科系列產品,而事情至此就解決了。

相較之下,「真討厭我必須去工作,把狗單獨留在家中一整天」則帶來各種值得探索的方向,牽動著人們的情緒,充滿眾多可能,而正確的解決方案或許能讓顧客離不開巴克。這類問題會激發許多值得測試的可能性,或許還能帶給公司不只一條成功的事業路線。好問題能提供多條探索的道路,這很重要,因為你永遠都想測試和學習,直到找到合適的方法。

巴克公司的重大零售突破,來自某次失敗的實驗。那次的問題是:「狗不能自己購物真討厭。」狗主人對這個話題很感興趣。「我們提供讓狗狗自行挑選玩具的體驗,」韋德林回想,「但狗主人永遠不會買狗狗挑中的玩具,而是只買他們自認為有趣的玩具。」嚴格來說,讓狗挑商品是好點子,但行不通,也因此實驗失敗了。韋德林繼續解釋:「巴克的產品今日在26,000家店都買得到。我幾乎能斷言,要是沒做那次實驗,今日不會有任何商店販售我們的產品。零售百貨集團塔吉特(Target)就是因為看見我們做的實驗,認為我們對於改造零售業有一套,於是在所有的分店上架我們的產品。」

這就是點子流的本質,你不可能替問題想好所有的事。巴克公司不可能靠著計劃,規劃出上述曲折的方式,進而成功在塔吉特上架。問題會刺激點子,點子會引發測試,而測試會帶來前進的動力。韋德林告訴我們:「通往正確事物的道路不是直線,你就是得嘗試各種東西,然後對著目標射門。」

韋德林今日會把可能的解決方案放進試算表,並依據各種因素進行評分,例如潛在的市場有多大、與現有資產有多適配。

不論實驗流程多有效率，韋德林不可能測試每一個點子，所以他會竭盡所能增加下一個點子開花結果的機率。在這個階段，韋德林對於集思廣益解決單一問題不感興趣，他在意的是建立一個能發現更多問題的演算法。不過，在我們擁有點子流 AI 之前，我們所有人都需要重新連結我們的感知，以在眼前的世界裡看見更多的東西。

翻轉你的假設

2008年股市崩盤後，許多千禧世代對投資股市感到卻步。富達投信（Fidelity Investments）來找我們，希望獲得新的思維，了解如何觸及這些年輕一代的顧客。

很自然的，我們的第一站是城市生活用品連鎖店「都市配備」（Urban Outfitters）。

好吧，其實也沒那麼自然，但這家店完美符合我們的需求。都市配備當時受到千禧世代的歡迎，也就是富達想爭取的客群。更棒的是，在富達辦公室的那條街上，往下走就有一間分店，可以來場低成本、快速、不完美的勘查。

富達的高階主管在都市配備店內，看到一名年輕女性在桌子底下翻找一堆衣服。怎麼把店搞得像跳樓大拍賣？這完全與富達試圖提供的整潔、秩序與賓至如歸的顧客體驗背道而馳。富達主管翻了翻白眼。

等他們冷嘲熱諷完，我們請那些嗤之以鼻的高階主管假設，都市配備知道自己在做什麼。注意到自己錯過了什麼的一種

方法，是有意識地找出自己的假設，接著刻意翻轉假設。我們稱這個工具為「翻轉假設」（Assumption Reversal）。如果**對那位顧客來說**，趴在地上挑衣服是一種好玩又令人滿足的體驗呢？如果說那些亂堆在桌下、看似被遺忘的衣服，其實是故意為之的呢？這位小姐完全就是富達想瞄準的族群。她沒在富達一目了然的便利App上交易股票，也沒在富達寬敞明亮的零售通路與理專談話，而是跪在油氈地板上，從一堆皺巴巴的上衣裡挑挑揀揀。讓我們來假設都市配備是故意的，那麼他們葫蘆裡到底在賣什麼藥？

懂了！我們面前的顧客不只是在購物，她是在**尋寶**。她興奮期待，因為自己有可能找到特別的商品，那種「一般」的顧客永遠不會發現的好東西，所以才在絕對是店員忘了收的衣服堆裡翻翻找找。由於一般的零售店不會把衣服放在桌下，所以這位顧客認為一定是運氣好碰上了。畢竟在大多數的時尚零售店裡，最搶手的商品很快就會賣光。如果要找到別人沒有的商品或特殊貨色，就得在意想不到的地方尋找，例如桌子底下。

富達團隊用翻轉後的假設檢視「都市配備」的店面後，意識到「隱藏的」衣服是精心策劃的促銷策略，他們是在模仿新潮二手衣店的購物體驗。只要你獨具慧眼，就能淘到比別人更好的東西。千禧世代不喜歡穿所有人都一樣的量產服飾，而是想要獨一無二的感覺，即便在全國每一家的都市配備裡，被恰巧遺忘的衣服堆和潛藏其中的寶藏，都是一樣的。

翻轉假設讓富達得以跳脫自身經驗的束縛。他們在都市配備獲得的洞見，引發了大量的創意可能性，協助他們重新改造顧

客體驗，更能直接吸引千禧世代。

當我們與泰勒梅高爾夫球公司（TaylorMade Golf）會面，以了解他們為年輕高爾夫球手提供的消費體驗時，我們先問自己：「誰能帶給年輕人很棒的購物體驗？」接著造訪多家連鎖店，其中一間是克萊兒少女飾品（Claire's Accessories）。不，泰勒梅並不打算吸引青少年打高爾夫，但有時完整走一遍年齡的光譜，可以找出實用的區別。

泰勒梅的高階主管和富達的情況一樣，質疑為什麼要研究一個明顯與他們家業務無關的公司。一間只要你買耳環就能免費穿耳洞的店，能教高級的高爾夫品牌什麼呢？我們好言勸說泰勒梅的高階主管進去看看，但他們踏進五彩繽紛的克萊兒店面後就更懷疑了。什麼亂七八糟的地方！泰勒梅的經銷商永遠不會把店內的商品擺放得如此凌亂。泰勒梅對自家產品的陳列方式極為自豪，不論是線上商店或實體商店，每一樣東西都依據功能擺放整齊：木桿和木桿放一起、推桿和推桿放一起、挖起桿和挖起桿放一起……反正你懂的。然而，正是這種自豪感妨礙了真正的理解，是時候翻轉假設了。

「如果說克萊兒完全知道自己在做什麼呢？」我們問他們：「如果說克萊兒的顧客喜歡這種陳列方式呢？」別的不說，高爾夫球這種運動一定能教會你有耐心。我們在店內站了夠長時間後，泰勒梅的高階主管不再只是隨便瀏覽，而是開始真正用心觀察。克萊兒並非依據功能擺放商品，而是按照情境，這區的飾品適合上學戴、這區是派對區、這區則是適合週末出遊。突然間，「混亂」變得亂中有序。一個十幾歲的少女有可能在奔赴人生的

第8章 顛覆既有觀點　217

第一場約會時，來到克萊兒。她不清楚同齡的人在流行什麼，也不確定晚上看電影要怎麼打扮比較好。克萊兒光是透過商品的陳列方式，就能引導緊張的顧客走向時髦漂亮、屬於同一類別的全套飾品。

同樣的，想打高爾夫球的年輕人，看到一排排整齊一致的鐵桿、木桿、推桿時，很可能不知所措，卻不願承認不懂這些東西，也不願開口請店員幫忙。如果服飾、裝備和配件能根據經驗值擺放，例如把適合高爾夫新手的完整配備全放在一起，那麼這些顧客就不需要暴露出自己是業餘人士，也能找到他們需要的一切。

雖然我們費了九牛二虎之力，才讓泰勒梅團隊踏進克萊兒的店門，然而一旦他們看出翻轉假設的好處，他們就想造訪市區每一間專為青少年開設的店。泰勒梅研究競爭對手時，能得知的事也就那麼多，因為對手的時間也全用在思考高爾夫。克萊兒則花時間思考年輕人，而這個觀點證明相當有價值。

翻轉假設是指針對某個情境，找出你認為理所當然的事，然後刻意假設相反的情況才是真的。如果要把這項工具用在你公司的顧客體驗，那就去你想爭取的客群平日會去的地方。接下來，與其透過你平日的視角來判斷那個地方提供的體驗，不如翻轉你的假設。顧客會去一間店一定有原因，不論你覺得那間店有多麼亂七八糟，它不可能只有缺點、毫無優點。

事實上，任何挑戰你對於高品質體驗定義的元素，都要仔細關注。顧客覺得那裡有東西很吸引人，你的任務就是找出那樣東西。還有，不要作了一次推測就停下。我們剛才舉例的走訪零

售店體驗,其實經過濃縮。富達和泰勒梅的高階主管,實際上替自己觀察到的現象,想出了無數可能的解釋,接著與真正的顧客進行確認。你在運用翻轉假設這項工具時,請想好一個要達到的數字,再不斷問為什麼。團隊的每一位成員都要替自己看到的事提出好幾種解釋,達到自己設定的數字後,就找顧客測試每一種可能性,了解顧客是否認同你的看法。

從產品設計到線上銷售漏斗的結構,不論是什麼事,都可以利用**翻轉假設**,刺激嶄新的思考。替你想達成的事,找出一個情境很不同的成功例子。即便你覺得一切沒道理,或是怎麼看都不對,還是請假設那個情境裡的每一樣東西,全是刻意設計出來的。接下來,設定一個數字,並開始替那個例子能成功的原因,想出多種可能的解釋。最後,在真實世界中證實你的推測。

富達運用在都市配備學到的事,替千禧世代設計出有如尋寶的投資體驗;泰勒梅則運用在克萊兒學到的事,想出店內的產品可以如何陳列,以回答那些害羞敏感的新手不願開口問的事。當你不再被自己的假設矇住眼睛,就會出現嶄新的前景。

同理心訪談

為了從用戶和顧客那裡蒐集到出乎意料的洞見,你必須帶著開放的心態探索他們的想法。然而,當人們談論的是你很熟悉的主題,例如你的產品、服務或專業領域時,你很難做到這一點,我們會忍不住透過自己的濾鏡來詮釋人們所說的一切。如果要真正理解別人的行為,並最終掌握他們話語的**意思**,你得利用

「同理心訪談」（Empathetic Interviews）這項工具，跳脫原本的觀點，讓自己的成見短路，從而揭曉他人真正的感受、想法和偏好。「聽到」與「聽進去」的差別就在這裡。

三角洲牙科（Delta Dental）是全美最大的牙科保險公司，服務超過3,900萬名美國民眾。三角洲與旗下數以千計的醫療服務提供者，經常感到患者的行為令人費解。一般牙醫在整個職涯中處理的問題，都是在修補牙齒，這些問題只要患者每天稍微保養一下，就能輕鬆避免，但患者往往會拖到看牙變得很貴、很痛苦時，才終於找上門。他們最終會明白該保養牙齒，但通常為時已晚。

你可以問問幾位長者，他們這輩子最後悔的事是什麼，超過半數會提到他們的牙齒。一般美國人到了中年，行事曆上滿是看牙的治療行程。然而，不良的刷牙習慣不僅讓人需要補牙、裝牙冠和根管治療，還會對整體的健康造成重大影響。當然，換個角度來看，年輕時只需要舉手之勞，就能替自己的整體健康打下很好的基礎。

三角洲為了達成照顧美國民眾口腔衛生的使命，一次又一次舉辦提倡口腔護理的活動，只可惜大都沒有太大的成效。該公司無論如何苦口婆心，透過電子郵件、海報、社群媒體到處勸說，照樣對這個公共衛生危機起不了多少作用，他們就是無法說服更多年輕人持續刷牙、使用牙線。三角洲來找我們，請我們協助1億1千4百萬名未享有任何牙齒健康福利的美國人改善口腔護理。他們已束手無策，恐嚇戰術並未奏效，民眾不吃這一套——**廣告裡那個滿口假牙的人現在或許會後悔他的選擇，但**

他年紀那麼大了，對我來說，那是很久以後的事。等我沒那麼忙了，我就會開始使用牙線。

哈林（Casey Harlin）與布萊克（Liz Black）是三角洲負責解決這個問題的資深主管，兩人參加d.school的高階主管培訓課程。她們很高興有機會讓我們的兩位研究生安德烈（Andre）與安迪（Andy），在我們的指導下協助三角洲推動改革計劃。然而，在想出點子前，我們顯然需要進一步了解這個領域。該公司目前手中的顧客，其心態和看法的數據，整體而言來自經濟條件較好的年長顧客。然而，三角洲最想觸及的是沒有保險的年輕人，而他們對這個族群所知相對不多。我們因此認為，這是運用同理心訪談的理想時機。

你和使用者或顧客進行同理心訪談時，目標是在情緒層面上理解他們的體驗。雖然「同理心」和「情緒」是抽象詞彙，但訪談的重點永遠是明確的。請避免問：「您覺得我們的產品如何？」相反的，你可以把每個問題都建立在一次個別經驗（discrete experience）的基礎上：「請告訴我，上次您到我們店裡退貨的情形。」

「這個嗎，我通常……」顧客幾乎永遠開口就是這樣的句型，但「通常」是無用的資訊。不要讓討論走向泛泛之談，你可以這麼說：「請明確一點。告訴我您最近一次退貨發生什麼事。」也可以詢問對方最好的那次退貨體驗，或是最糟的情況。但不管問什麼，都要引導受訪者回想特定的具體例子。接下來，跟著對方走過這段歷程，同時記錄他們情緒的起伏。如果問題不夠明確，你會得到好幾個經驗混在一起的模糊印象。一旦受訪者

談到特定的例子後,請與他們一步步走過那個例子,把他們帶回到每一個當下的情緒。受訪者如果在他們提到的故事裡做了某件事,請詢問他們原因,然後問他們那樣做的感受。

你在這裡所要找的,是令你訝異的事,也就是與你目前的理解相衝突的事。由於產品或服務是你的,你會以為自己很清楚會有什麼體驗,但你缺乏新點子的這件事,就能反映出你的自信純屬幻覺。同理心訪談會粉碎那股自信。如果聽到任何出乎意料的事,記得要多加追問。「請再多說一點。」詢問原因,接著當對方說出答案時,再次追問為什麼。工程師大野耐一有一件事很有名,他提倡運用豐田生產方式(Toyota Production System)診斷問題時,要問五次為什麼,以盡可能接近真正的原因。[3] 不斷問為什麼,成為「六標準差」(Six Sigma)等日後管理系統的標準做法。至於確切該問多少遍為什麼,有沒有差別?沒有。重點是明白光問一次為什麼還不夠。第一次的解釋總是不足,甚至會造成誤導。找線索時,要透過顯而易見的答案找到隱藏在背後的真相。

「天啊,我完全明白你的意思」,和親友聊天時,彼此互相附和,感覺很開心。然而,在進行同理心訪談時,要嚴格制止自己走向那種互動,以免切斷學習流。你告訴對方你懂他們在說什麼,但你其實不懂,這就是重點所在。你的假設與他們經歷的現實有落差,而落差即是你找到洞見之處。永遠不要以任何方式附和受訪者的經驗,**避免阻斷學習流**;相反的,你要質疑一切。

這點甚至可以應用在詞彙的選擇。人們使用常見詞彙的方式,通常與我們不同。閒聊時,這種小差異無傷大雅,還是能了

解對方在說什麼。然而，在進行同理心訪談時，如果把定義視為理所當然，很容易就會錯過關鍵。如果有某個字詞感覺是關鍵，那就請受訪者加以定義，或是請他們換句話說。「您剛才提到這件事『有挑戰性』──請問那是什麼意思？」舉例來說，你可能認為「挑戰性」帶有負面的意涵，但受訪者卻認為有挑戰是好事，就像謎題要有挑戰性才好玩。請讓受訪者告訴你定義。一定要小心，別讓自己的價值判斷跑出來。

故事能讓抽象的點子變具體。如果顧客說，他們有部份的體驗是「鬆了一口氣」，那就問他們：「您提到『鬆了一口氣』。能不能告訴我們，在生活中您也感到鬆了一口氣的其他時刻？不一定要與這件事有關。」雖然以這種方式打斷正常對話的流暢度，感覺很不自然，但不斷質疑自己的假設、探索更多，你將訝異這場學習的深度。

完成同理心訪談後，描繪出受訪者走過的歷程。由左到右畫一條線，代表某次經驗的開頭到結尾，不論是他們首度使用你的網站，或是最近一次到你店裡買東西的經驗。接下來，標示出那次經歷中發生的每件事，縱軸的落點代表情緒狀態。例如某次退貨時，在歷程的起點找出早已丟進廢紙簍的收據，將是圖中左側代表壓力大的低點；順利拿回全部的錢，則是圖中右側代表正面體驗的高點。

若有辦法，請找「極端」的使用者做同理心訪談，例如最年輕的、最老的、最高的、最矮的、最常光顧的、最挑剔的。如果能和光譜兩端的用戶交談──任何光譜都可以──將揭曉可供探索的道路。假如只訪談一般的使用者，有可能看不到那些路

徑。舉例來說，Levi's的領導者剛好訪問到懷孕的顧客，那位顧客提到隨著腰圍不斷增大，她每隔幾星期就買新的牛仔褲。這件事帶來了靈感，有一位主管建議，Levi's可以提供牛仔褲的訂閱服務，不僅有可能吸引孕婦客群，而且對其他人也有潛在的吸引力，像是關切牛仔布產製對環境產生影響的顧客，以及經常變換造型的人、節食者等。

　　這裡要說清楚，尋找極端的使用者不是為了專門替他們開發利基產品，而是要激發適用於所有人的新思維。前海豹突擊隊員赫特里克（Randy Hetrick）為專業運動員設計出TRX懸吊訓練系統，但很快就發現一般使用者也能受益。如同赫特里克所告訴我們的：「從專業人士走向一般人。」

　　三角洲進行的同理心訪談清楚顯示，他們試圖觸及的民眾完全不會想到口腔健康的事。當我們問問題來引導受訪者分享某次的經驗時，例如「請告訴我們，您最近一次想到牙齒的經驗」，回答清一色與外表有關。雖然沒有保險的年輕人也關心自己的牙齒，但他們只在意笑起來好不好看。牙齒美白會不會讓他們在IG或Tinder上，看起來更帥更美？矯正牙齒的難度有多高？你有沒有聽過透明牙套？全是這一類的回答。根管治療是很遙遠的未來，但談到笑容的話，你能讓他們立刻全神貫注聆聽。

　　下一章會談到，三角洲如何運用同理心訪談的結果。

觀察久一點

　　科學家需要耐著性子仔細觀察，才能有所發現，但有人把

這項原則發揮到極致。生物學家哈思克（David Haskell）有一次花一整年的時間，觀察美國田納西州的森林。在他榮獲普立茲獎提名的《森林祕境》（*The Forest Unseen*）一書中，他針對林中生態系錯綜複雜的關係，記錄下非凡的經驗。其中令人意外之處，在於他的觀察範圍僅限於一平方公尺的土壤。

如果一位生物學家可以用一整本書的篇幅，講述發生在一小片土壤上的動植物之間如史詩般的戲劇，那麼你也能多花個幾分鐘，觀察顧客填寫你的線上表單。你不必一年當中每天都觀察，但你不要聽信腦中那個小小的聲音堅持說你已經看夠了。觀察的獎勵通常被無聊擋在後面。不確定的時候，就再看久一點。

你必須刻意逼自己，才能真正認真看著某樣東西。我們大部份的感官知覺都在有意識的注意力之下飄移。我們隨時都在看，但沒看進去，大腦總在回想過去或擔憂未來，並以自動駕駛的模式經歷現在。

長大成人後，我們的閱讀太過流暢，以至於我們所讀內容的文字意義進入腦海，卻沒太意識到文字本身。然而，如果你反覆閱讀同一個字，那個字的形狀會開始失去意義，變成歪歪扭扭的抽象符號，心理學家稱這種現象為「語義飽和」（semantic satiation）。你可以現在就用這一頁的任何一個字試一試。語義飽和使我們以特定的順序暴露在那些特定形狀的具體現實中，導致流暢的閱讀過程短路。

這是讓大腦濾鏡短路，最簡單也最直接的方法。只要有足夠的耐心，你就能長時間觀察一個情境，最終看清它。隨著時間一分一秒過去，新的細節會浮現。直到你確信自己已經看到所有

需要看的東西之後,新的細節還是會持續浮現。當你完全確定沒有什麼值得注意的時候,此時再多等個一分鐘,解鎖一連串可能性的最後一個關鍵細節就會出現;接著在那之後,又多出現另一個細節。

　　第3章提過,在腦力激盪時,大腦會試圖說服我們「沒點子了」,以及如果我們堅持必須達到特定的點子數量,新點子將如何在過了「創意懸崖」後仍不斷湧現。在這裡也會有類似的現象。請設定好計時器,不論是觀察顧客走進店內,或是觀察使用者把玩新產品,你在觀察情境時,請事先決定好要觀察多久,訂出讓自己坐立難安的時間長度。如果你感覺看著某樣東西5分鐘很怪,那就設定10分鐘,然後開始觀察。

　　你在觀察時,大腦幾乎會立刻告訴你,目前已經看得夠多了;大腦會主張,這裡值得看的東西都在眼前了。你要把那股衝動,視為還得繼續看下去的提示,持續讓注意力回到當下。過沒多久,大腦就會催得更急:**這裡真的沒東西好看了,走了吧**。然而,計時器說還要多久,那就繼續看多久。你終將耗盡大腦的過濾能力,開始看見不符合預期的未知事物。

　　當你臣服於當下時,洞見將開始浮現。當你領悟到更深層的東西後,寫下你的**解釋**,此時的關鍵問題再度是「為什麼」。為什麼顧客要這麼做?為什麼我沒看到預期會看到的事?如同點子額度練習,請盡量為你的觀察寫下可能的解釋,愈多愈好。這麼做不僅能增加寶貴的點子素材,還能讓你在觀察的過程中保持專注。

　　繪畫是另一種讓自己沉浸在所見事物中的方式,就算你不

會畫畫也一樣。請讓鉛筆落在紙上，即使只是簡單的幾筆勾勒，也能強迫自己觀察，而不只是單純地看。在皮克斯，就連非美術人員也要學習基本的繪畫技巧——這被認為是觀察能力的基本訓練。正如皮克斯總裁暨共同創辦人卡特姆所說的：「經過練習後，你有可能學會用清醒的大腦觀察，而不讓成見攪局。」[4]

哈佛大學的藝術史與建築學教授羅伯茲（Jennifer L. Roberts），要求她教的所有藝術史學生，自行挑一件藝術作品寫研究報告。她說明：「在研究過程中，我要求他們做的第一件事，就是必須花費長到令人痛苦的時間，看著那幅作品。」[5]事實上，她要求必須看整整三個小時。許多學生抗拒這項任務，認為沒有任何一幅畫或雕塑品，需要花那麼久的時間看。然而，學生通常都會對自己的發現感到訝異。羅伯茲解釋：「有的東西會立刻映入眼簾，但不代表意識會立刻抓到那樣東西。」這個原則不只適用於美術作品。

我們的導師凱利（David Kelley）是IDEO設計公司的創辦人。他有一次花好幾個小時觀察一台汽水自動販賣機。一開始，他只看見預期會看見的情景：一個又一個路過的人投入硬幣，從機器裡拿出汽水罐。然而，一陣子後，凱利突然意識到，他終於看見從頭到尾一直在看的東西：人們彎腰拿出汽水。**彎腰**，為什麼？因為取物口在膝蓋的高度。為什麼要放在那麼低的位置，彎腰才能拿到汽水？凱利猜想，大概是因為在以前沒有電力的年代，第一台販賣機利用重力讓瓶子掉下來。那為什麼後來有電力後，汽水販賣機的設計沒跟著演變？為什麼沒人設計出新機器，把汽水輸送到方便拿取的高度？**好問題**。

幾乎是全球的每一座辦公大樓、體育場、車站、學術機構和旅館，都有這種昂貴的大台機器。然而，只需要一點耐心，就能對其基本設計進行重大的創新改善。電力已經問世一世紀，所以這不是技術進不進步的問題，純粹是人們再也沒正眼瞧過這種機器，甚至就連生產販賣機的公司也一樣（或該說，尤其是他們），只看到大腦預期看到的事。販賣機的製造商或許會更新面板或微調機器，減少卡住的可能性，但僅此而已。大部份的人在大多數時候都會追求最佳效率。我們原本就在做的事，我們會愈做愈好。但真正的創新需要重新思考基本原則，而前提是你得**看見**才行。

＊　＊　＊

培養觀察力並不總是得靠蠻力，好奇心能帶你到原本需要動用紀律和意志力才能抵達的地方。然而，我們大多數人都沒有培養好奇心的習慣，通常只是讓好奇心隨便引導自己。如果你曾在上網時無法自拔，你就知道漫無目的亂逛的好奇心有多強大，又是多沒意義。

刻意運用策略加以管理的好奇心，可以是一股創新的強大力量。這種好奇心可以是你個人的創意工具，也可以啟發、引導他人善用心力。好奇心能讓人更仔細觀察事物、更加深入地思考，以及發揮更多的想像力。

下一章我們會解釋如何激發好奇心，然後利用那股欲罷不能的磁吸力，走向多采多姿的創新。

― 第9章 ―

激發好奇心

有句話耳熟能詳又有意義：弄對問題，事情就解決了一半。[1]

―― 教育家約翰・杜威（John Dewey）

上一章談到的三角洲牙科，在完成同理心訪談的流程後，需要一個能刺激思考的提示，以開啟第3章提及的點子產出流程：某個能讓每個人都好奇不已的事。這些訪談讓三角洲想到一個絕佳的提示：

我們能如何說服在意外表的民眾，也在意口腔健康？

在場所有人的眼睛都亮了起來。讓愛美變成特洛伊木馬？**太有趣了！**大量的好點子一下子全冒出來。三角洲很快就有可供測試的點子組合，例如透過微笑診斷App，把自拍照傳給牙醫，以獲得牙醫的回饋意見。有了能刺激討論的好框架後，三角洲終於擺脫創意的僵局，不再僅限於恐嚇策略，而是開啟各種五花八

第9章　激發好奇心　229

門、先前從未想過的可能性。

　　在六週內，三角洲便透過我們的「發射台」計劃推出一個零售概念原型，名為「炫目吧」（Dazzle Bar）。由於構想是提供初階的美容服務，第一批炫目吧以快閃店的形式呈現，有著舒適的休閒風裝潢，非常不同於一般牙醫診所令人害怕的無菌室氛圍。炫目吧提供快速、方便、價格實惠的服務，包括洗牙、牙齒美白與口氣清新服務等等。當顧客坐上椅子接受美容服務時，也能得到一些基本的牙齒治療。如果有較為嚴重的問題，還會被轉介給牙醫。

　　這個原型證實，利用愛美的心態，真的能帶來整體牙齒更健康的結果。顧客的回饋也證實這個策略成功了，「開心、快速、簡單」與「有趣、放鬆」，這些很少會是看完牙醫後的心得。炫目吧原型快閃店極度成功，帶給三角洲團隊其他的創新原型靈感。一位主管告訴我們，在三角洲60年的歷史中，炫目吧是第一個前衛的點子。

　　答案如果枯竭，那就提出更好的問題。

好奇心帶動創新

　　為了要把大腦的力氣引導至有用的方向，你需要正確的框架。簡單來說，如果要運用大腦的卓越能力淘金，就要問對問題，讓大腦感興趣，並活化注意力。

　　好問題的特徵是具體且明確。舉例來說，如果請你想出白色的東西，你想到什麼？想到的速度有多快？好了，現在再請你

想出一般會在冰箱裡找到的白色東西。注意到差別了嗎？在想第一個問題時，可能性**斷斷續續**浮現腦海：雪？嗯，北極熊？紙嗎？而當你在想第二個問題時，可能性則是順勢**流出來的**：牛奶、起司、優格、外帶盒、蛋……，白麵包算嗎？你會一直想下去。

框架愈明確，引發的點子流就愈強。好的框架能引發好奇心，一旦你的興趣被激起後，大腦就會開始認真解決問題，使點子流增加。有趣的問題能讓大腦難以**停止**想出新的可能性；另一方面，無聊的問題則不會有結果。好奇心是假裝不來的，如果你對一個問題不是真心感興趣，也就不必太期待會出現創造性的解決方案。

框架有時是指真的框架。傳奇藝術家暨教育家肯特（Corita Kent）讓學生製作「取景器」，「從脈絡中抽取事物」。[2] 她說的取景器只是一個用紙板製成的框架。她說，有了這個東西後，「我們得以為了看而看，提高快速觀察與下決定的能力。」你可以把手機的相機當成取景器，甚至使用專業器材，例如電影攝影師的觀景窗。不過，光用紙板做成方框也可以。試看看透過取景器觀察你的問題，不論是產品、商店，或實體體驗的某個面向，接著觀察框架如何讓隱形的事物現形。

即便你起步時的提問能刺激思考，但光從一個角度看待你想要解決的問題，能做的也就只有那麼多。當點子流退去時，請移動你的框架。如同第3章所討論的，爆不出爆米花後，就換一種方式。讓點子流穩定的方法是提出大量的好問題，並在你想點子的過程中逐一瀏覽那些問題。當不同的問題揭示你試圖解決的

問題的新面向時,興趣會被重新喚醒。不要等事情失敗後才開始思考其他的問題,而是一開始就有系統地產生大量的框架。當點子流衰退時,靈活地改變框架以保持活力。你在想出答案(點子)之前,先想出問題(框架),可供測試的可能性漏斗就會大增。

本章會解釋如何設計挑起好奇心的問題,從而刺激大量的點子流。這不僅是單單把大家聚集在會議室,一次想出一百萬個可能性。第3章談過,團體討論有時會有幫助,但你也得養成習慣,為自己構建有意思的問題,並讓那些問題留在潛意識,為你的點子額度練習提供助力。想一想第4章建議的「煩人清單」,以及「讓軟木布告欄成為你的研發部門」,請蒐集令人感興趣的明確問題,並經常回顧。如果你持續醞釀有意思的事,大腦會永遠在背景替你運作、尋找輸入,促成世界級的創意輸出。

產生框架組合

問自己足夠有趣的問題。當你試著替那個問題找到量身訂做的解答,你會因此被帶到某個地方,很快你會發現自己孤身一人——我認為待在那種地方比較有趣。[3]

——藝術家查克・克洛斯(Chuck Close)

幾乎每一個好框架都以同樣的方式開頭:「我們能如何……?」(How might we…,簡稱HMW問題)。好的HMW問題允許大量的探索,但也留下足以讓討論維持聚焦的架構。舉

例來說,「我們能如何做出融化後不會滴下來的甜筒」這樣的問法,並沒有保留空間給意料之外的答案,而是把你的注意力導向十分明確、範圍狹隘的技術性問題。高度聚焦的問題,只會帶來高度聚焦的解答。相反的,提示也可能過於空泛:「我們能如何為新的世代重新發明甜點?」對冰淇淋店的老闆來說,這個問題不會帶來有用的答案。你需要有所限制,大腦不知道能如何「重新發明甜點」,這顯然太抽象了。然而,企業卻試圖「重新發明通訊」或「重新想像都市交通」,最後還想不通為什麼沒下文。

我們的目標是得出包含各式框架的大型組合。永遠不要找單一的完美答案——不論設計得多好,只有一個框架的話,你的思考會受限。每個提示都會開啟一套可供探索的可能性組合。即便在座的每一個人都確信他們已經針對問題,徹底想出所有的可能性,提出一個好問題依然會激發人們的好奇心。你列出的問題愈多,你能維持點子流的時間也愈長。在展開發想的過程**之前**,永遠要先準備好一大堆問題。

有幾種方法能協助你針對想要解決的問題或洞見,提出有用的HMW問句。舉例來說,你是冰淇淋店的老闆,想盡辦法要改造甜點,而你注意到有顧客在品嘗朋友的甜筒。你被這個親密又溫柔的舉動給打動,突然間有了小小的靈感。一起吃冰淇淋的這個社交面向,在吃三明治或牛排時看不到;同樣的,一個人吃冰淇淋也會傳達孤獨感。為什麼?你能利用這個點子種子做什麼?一旦沉浸於問題之中,帶你找到這樣的洞見後,接下來就可以運用以下這套「旋鈕」,來幫助你提出威力強大的HMW問題。

第9章 激發好奇心　　233

▌規模尺度

請轉一轉焦距鈕。在伊姆斯夫婦（Charles and Ray Eames）的經典短片《10的冪次》（*Powers of Ten*）中，一男一女在湖邊享受野餐，接著鏡頭飛速拉遠，先是出現兩人身旁的公園，再來是芝加哥市、地球、太陽系，鏡頭繼續不斷拉遠。等到出現整個宇宙，攝影機又拉回去，縮小至地球、城市、情侶，接著又繼續拉近，進入男人的手，拉近到皮膚的細胞、分子、原子。

規模尺度會改變每一件事。大面向與小面向永遠同時存在，每一個大小層級都會帶來特有的景象，在其他的層級看不到。如果把鏡頭拉近到其中一個小面向，你的問題會變成什麼樣子？如果擴大框架，納入更多的周邊脈絡，又會發生什麼事？試著改變規模，會有更多的點子流湧現。

- 我們能如何讓融化的甜筒冰淇淋變成一件好事？
- 我們能如何讓每一口都成為獨特的體驗？
- 我們能如何創造出某種體驗，只有20人以上同時在場時才會出現？
- 我們能如何讓成千上萬人在社群媒體上貼文發布甜筒冰淇淋？

▌品質

從你最初的想法中，找到正向的一面，然後加倍投注心力在其中，或是探索那些可能帶來更便宜、更快、更陽春的解決方法的提問。刻意尋找「壞」點子能減輕完美主義的傾向。史密斯

飛船（Aerosmith）是美國史上最暢銷的重搖滾樂團之一，他們每星期都會舉辦「勇於爛爆」（dare to suck）會議，每位樂團成員提一個自己覺得很糟的點子。[4]結果通常真的很糟，但偶爾也會出現《男人（看起來像女人）》（*Dude (Looks Like a Lady)*）這樣的熱門金曲。如果開這種會不值得，那這麼多年過去了，他們還會持續做下去嗎？

類似的例子還有芝加哥的傳奇即興喜劇團「第二城」（Second City），每個月會找一天來表演他們通常不會做的點子。在「禁忌日」（Taboo Day）那天，即興表演者被鼓勵提出離譜、昂貴、不切實際的點子，那種一般會被轟下台（也可能不會）的點子。李奧納德（Kelly Leonard）是這個著名組織的領導者，他告訴我們，刻意提出「錯」的事，幾乎永遠都會帶來豐富的實用素材。

所以請把品質旋鈕轉到最高，再轉到最低。不論往哪邊轉，目的是放鬆你腦中的「應該」之感，允許愚蠢、古怪、嚇人一跳或離譜的事情發生，然後看看最糟的情況會是什麼。

- 我們能如何製作「兩兩相連」的冰淇淋甜筒？
- 我們能如何讓融化的冰淇淋成為一種特色，而非缺陷？
- 我們能如何製作一個讓人吃不到冰淇淋的甜筒？
- 我們能如何把冰淇淋店設計成完美的初次約會場所？
- 我們能如何讓參觀冰淇淋店，變成顧客一天之中最美好的經歷？

▍情緒

你的洞見引發什麼情緒？這些情緒有可能帶人走向哪裡？此時要考慮所有的情緒，不要只想著快樂、喜悅等正向情緒，也要想到悲傷、寂寞，甚至是恐懼。不論你認為哪種情緒適合這個情境，都要把情緒旋鈕轉向另一頭。你會訝異光是這種簡單的翻轉，就能開啟新的方向。

- 我們能如何協助父親用冰淇淋來表達對孩子的愛？
- 我們能如何設計一種會說再見的甜筒？
- 我們能如何創造「我很抱歉」的冰淇淋體驗？
- 冰淇淋能如何讓你大笑？

▍嚴肅程度

試著**提高與降低**情境的風險，以動搖你的觀點。有時看似瑣碎的面向，其實藏有重大意義。另一方面，最嚴肅的情境也能找到輕鬆的一面。

- 我們能如何以哀悼的主題設計冰淇淋體驗？
- 我們能如何把冰淇淋融入婚禮？
- 我們能如何讓吃冰淇淋的地方變成分手或求婚的地點？
- 冰淇淋能如何挽救你的婚姻？
- 冰淇淋能如何引發一場深思熟慮的對話？
- 冰淇淋能如何讓人成功升職或圓滿達成困難的談判？

▍預期

你把問題的哪一點視為理所當然？關於這個旋鈕，你可以針對產品該如何發揮功能，或是解決方案其實該如何起作用，列出自己所有的假設。接下來，請把每一個假設翻轉過來。

- 我們能如何在不用甜筒殼或杯子的情況下，讓人分享冰淇淋？
- 我們能如何製作熱的冰淇淋？
- 我們能如何讓冰淇淋變成開胃菜，而不是甜點？
- 我們能如何避免吃下冰淇淋後，糖分飆高使人昏昏欲睡？
- 我們能如何讓冰淇淋變成「上班不宜」？

▍相似度

類推是最強大的創意工具之一，下一章會再深入挖掘舉一反三的力量，這裡只請大家思考旋鈕這端的相似脈絡，以及另一端完全不相關的脈絡。如果要想出可供嘗試的好類比，那就從期望的結果出發。你想讓製作冰淇淋的速度變快嗎？「哪些人事物被要求快狠準？」你想讓顧客開心嗎？「哪些人事物會讓人開心？」大腦解決新問題的方法，其實是運用對於熟悉主題的理解，來處理表面上很不同的事。

你可以把在高中球隊學到的事，應用在你首度管理的工作團隊，或是將拿破崙的戰場策略運用在產品發布。我們會在有意無意間從觀察中提煉出原則，然後看看還能適用在哪些地方。

- 冰淇淋的製程如何能像一般療程一樣？
- 奧運短跑選手會如何端出甜筒冰淇淋？
- 蘋果公司會如何設計冰淇淋灑糖的容器？
- 吃冰淇淋如何能像坐雲霄飛車、欣賞魔術秀，或看恐怖電影一樣？

HMW問題有可能聽起來很傻，也可能很嚴肅，不過重點是尋求中庸之道。範圍定得太明確，將無法想出發散的可能性；範圍定得太廣，又會想不出任何東西。

在發想HMW問題時，應該避免同時想解決方案。請制止開始構思的衝動。如果你在想問題時，就想到很吸引你的解答，便很容易會定錨在那個解答上，進而停止想出好問題。回到發散心態的方法，將是指出你認為這個點子能解決的問題，接著依據那個好處，提出新的HMW問題。請問問自己：「如果我們讓這個點子成真，對用戶、顧客、公司來說，這個點子實際上會**做到**什麼？」接著再問：「我們還能以其他哪些方法，做到同樣的事？」

舉例來說，假設你想出你的冰淇淋店可以推出訂閱制的點子，現在你不再想出更多值得思考的框架，而是開始研究這個訂閱制該如何運作。顧客要繳多少錢？多久訂一次？顧客需要會員卡嗎？還是我們該使用App？要無限量供應冰淇淋，還是要規定每個月只能消費固定數量的甜筒？

在你回神之前，已經深陷其中了。當你發現自己開始像這樣聚斂思考時，請看看你正在解決的問題。冰淇淋訂閱制能做什

麼？「這個嘛，訂閱制讓顧客和我們有定期的接觸機會。」好，你找到了一個**原因**。還有什麼其他方法也能讓你達成那點呢？這下子你多了一個實用的框架：「我們能如何建立與顧客定期接觸的機會？」

點子又開始湧現：你可以提供「推薦朋友」折扣，或是提供優惠券，如果他們下星期再度光臨，可以免費加冰淇淋配料；你也可以每個月寄出電子報宣布新口味。請不斷想出還能以哪些不同的方式，來達到和最初點子一樣的效果。若太快縮小範圍，將導致最好的點子無法冒出來。

HMW問題能讓你的精力維持在高點，並在產生點子的過程中刺激發散型思考。請養成建立、探索和拋開框架的習慣，以維持穩定的點子流。每個框架、每個問題，都代表著又一個可開採的礦藏。大部份的礦藏一下就會挖完，但有幾個會既有深度又豐富，嚇你一大跳。你在開挖之前，永遠不會知道裡頭藏著什麼。

用提示刺激思考

提出「我們能如何……？」的問題是刺激好奇心的好方法，但當點子流減弱時（尤其是遇到壓力），這不是唯一值得嘗試的辦法。你也可以考慮以下幾種：

▍減法

減法這項工具能帶來簡單又有效的限制：我們能否光是拿掉某樣東西就改善這個點子？減法之所以有用，正是因為它違反

常理。

已故的美國漫畫家戈德堡（Rube Goldberg），他的名字已成為「用曲折複雜的方法解決簡單問題」的代名詞。有數十年的時間，戈德堡畫出假想中的發明，在全美各地的報紙同步刊出。舉例來說，他畫過汽車的「安全」裝置，漫畫的圖說寫道：「如果有人在你的車子前方隨意穿越馬路，這個人會被鏟起來，丟進寬敞的大漏斗——等他掉進底下等著的大砲，將觸發乒乓球拍，扯到一條拉繩，發射到三個街區以外的地方，他就再也不會煩你了。」[5]好了，行人任意穿越馬路的問題解決了。（或許我們該把戈德堡的點子寄給米其林的白昊。）

戈德堡過度設計的裝置儘管荒謬，但反映出常見的問題解決法，令人會心一笑。當有路障時，推到一旁就好了，人們卻傾向於先設計出吊橋。有一篇《自然》（Nature）期刊的論文報告證實這種戈德堡式傾向：「人們的系統性預設是尋求加法改造，以至於忽視減法改造。」[6]

工程師克羅茲（Leidy Klotz）是那篇論文的共同作者，他是在和兩歲的兒子以斯拉（Ezra）用樂高搭橋的時候，注意到這種現象。那座橋的高度不平均，克羅茲試著解決問題。[7]「我轉身又抓了一塊樂高，準備加在比較矮的橋墩上，」他告訴訪談者，「但當我轉過身，以斯拉已經從比較高的橋墩上拆下一塊積木。」孩子看見工程師沒看見的事。少即是多。

關鍵在於，我們的預設做法會是加法，不是因為減法比較困難或複雜，只是我們在當下通常不會想到。研究人員透過一系列的實驗發現，「當實驗任務沒提示可以考慮用減法時，受試者

比較不可能找到有幫助的減法變動。」

　　仔細想想，大腦傾向於加法是很奇怪的事，因為相較於愈繁複愈好，少即是多的情形其實較為常見。事實上，專業能力最明顯的特質，就是有辦法找出流程中的哪些步驟可以直接略過。你會以為大腦永遠偏向減法，但事實正好相反，特別是在職場上，人們眼中的我們費了多少力氣，通常會被當成我們帶給組織多少貢獻。你很難藉由減輕工作量獲得升遷，即便極簡的做法通常更有效率或效果更好。在工作環境中，減法是又一個會讓人對創新感到特別不自在的領域。

　　克羅茲與研究同仁發現，當我們處於壓力之下時，加法的直覺本能會特別強大。這就是為什麼最後期限迫在眉睫時，減法會是有用的提示。回想一下，有沒有哪一次你匆匆忙忙一直拉門，門卻怎麼樣都打不開，過了很久才發現，門上寫著「推」？當你卡住了，時間卻一分一秒過去，那就貼出一張「減法」標誌，接著你會看到每個人的表情都鬆了一口氣。

▎回溯法

　　第5章介紹過可以運用回溯法，解決主管反對做實驗的理由。依我們的經驗來看，處理問題時，每當感到出現隧道視野效應（tunnel vision）*，這個工具便可以派上用場。

　　如果你還記得的話，回溯法是指想像自己穿越到未來，從

---

* 編按：指過度聚焦於單一目標或觀點的傾向，因而忽略其他相關的資訊或可能性。當人疲倦或壓力大時，更容易出現這種視野窄化的情形。

專案已經失敗的角度來回顧專案。大腦傾向於為了達成今日的里程碑，而選擇忽視或低估明日的問題。當我們從「未來已經失敗」的心理觀點出發，問問自己哪裡出錯，就能避開那種大腦傾向。

若要使用回溯法作為提示，請盡量以最悲觀的方式，想像可能發生的情景。從現有的解決方案出發，想像莫非定律發威，每件事都出錯。接下來，拿出一支鉛筆，完整列出所有點子可能出錯的環節。（如果你對自己誠實，顯然有各種出錯的可能性。）萬一出乎意料，冬天連下幾個月的大雨，那些金屬螺栓能撐多久？萬一你請的明星代言人被網路公審，盛大的產品上市活動該怎麼辦？創新者的口頭禪是「是的，而且」（Yes, and），但以這個練習來說，請讓每個人心中的批判者跑出來，在屋頂上大喊：「不，可是」（No, but）。

列出清單後，請把這些可能失敗的地方，都當成促使你反省的提示。不過，不要落入「加法」陷阱。你可以同時使用回溯法和減法，看看移除導致失敗的元素後，主要的點子是否依然可行。如果螺栓有可能因為下大雨而帶來難看的鏽痕，那就在做更多的冶金調查之前，先問是否絕對有必要使用螺栓；如果把你的品牌和容易犯錯的人連結在一起，將在社群媒體世界帶來巨大風險，那就在做背景調查之前，先問是否有必要找人代言。

請想出各種後見之明。換個角度看問題，可以讓你看到顯而易見的事。既然後見之明有用，為什麼不用？

▎反過來想點子

布希內爾（Nolan Bushnell）是電玩公司雅達利（Atari）的創辦人。他啟動創意的方法是要大家幫點子排序，從最好排到最糟，接著挑出**墊底**的倒數6個點子：「我們如何能讓這些點子成功？」[8] 從被標為「最爛的」點子起步，將只有進步而沒有退步的空間。「這個流程會顛覆人們一般的心理動力，」布希內爾寫道，「此時人們的任務，不再是試著找出東西哪裡有問題，進而引發批評的直覺，而是得找出東西哪裡對了，從而激發創意的本能。」根據布希內爾的說法，每次在雅達利做這個練習時，在6個壞點子中，至少會有1個順利成真。

當你卡在問題的迴圈裡，脫困的方法是刻意加進出乎意料的事。如果要找錢包，不要只在口袋裡找。在地板上倒幾顆彈珠，在每顆彈珠都找回來之前不要放棄。不管怎麼做，重點是讓大腦跳脫窠臼：「我們的物流問題，和超級馬拉松有什麼類似的地方？」

由於發散很重要，請試著給自己正好反過來的問題。準備接下來的會議時，不要再思考怎麼做才能讓會議順利進行，而是反過來想：「不順利的會議會發生什麼事？」嗯，咖啡是冷的；影音系統出錯；與會者沒專心聽簡報的人說話，忙著看手機。反過來的點子清單列也列不完。

蒐集完反過來的點子後，請把每一個當成進一步發想的種子。如果營運長每次都遲到，你能如何讓遲到變成好事？利用每個你預料到的問題，讓大腦來來回回尋找平衡。事情讓我們感到莫名其妙時，也是我們最有創意的時候。

提出反過來的點子的辦法，能建立與你面臨的問題正好相反的框架。那個框架能刺激嶄新的思考，還能讓你在與問題奮戰之後，心裡鬆一口氣。

▍觀察、模仿、發散

沒有任何東西能取代真實世界的探索，你要和實際顧客進行同理心訪談、在自家網站購買自家的產品、在自己開的餐廳吃飯。反正不管怎麼做，你要盡量貼近顧客的體驗。

我們曾經與某汽車製造商合作。他們的高階主管從來不曾造訪經銷商，也不曾經歷過買車的流程，因為每年的新車款都會自動送到家門口。他們甚至很少需要加油，只要把車停在公司停車場，自然會有人加滿他們的油箱。

我們告訴那些高層：「你們家的顧客體驗有令人痛苦的地方，不要再讓自己置身事外。」點子會出現在解決方案**之間**的縫隙，那些產生阻力的地方。大部份的人會試著撐過去，忽視生活中令人不舒服的小地方，但創新者會學著把問題當成機會。

第4章登場過的傳奇人物麥金建議，你把某件事加進煩人清單後，接下來要找出可能已經存在的解決方案。這是另一種假設翻轉：告訴自己，對手已經有正確答案，而你要找出那個答案是什麼。

很多創業故事都一樣是有原因的：有人親身經歷某個問題，並決定要解決那個問題。你可能想開發一個送餐App，原因是你聽說現在很熱門，但如果你這輩子沒用過App點餐，你將浪費大把時間重新發明輪子——而且現有的輪子有問題、可以

想辦法解決的地方,你永遠無法發現。

即便你的問題目前還不存在理想的解決方案,但同樣也碰上這個問題的人,總是會**做點什麼**。和那些人聊一聊。他們目前是如何處理這個問題?他們滿意自己的方法嗎?缺點是什麼?如果可能的話,你也跟著嘗試那個做法。優點是什麼?還有什麼不足之處?你可以做練習,假裝自己是競爭對手的銷售人員:把現成的選項推銷給潛在的顧客,看看能否讓人相信這個方法真的好。就算沒成功,你也會聽到寶貴的資訊,得知目前的選項哪裡還不符合需求,以及用什麼方法效果可能會更好。

我們在第2章介紹過達沙羅,她是蟋蟀蛋白新創公司雀普思的創辦人。達沙羅觀察到,環保意識正在帶動肉類替代品的需求。她意識到昆蟲會是一種環保的蛋白質來源,但問題是,雖然其他國家的人長期以來都在吃幼蟲和蟋蟀,美國人卻無法忍受吃下這些酥脆口感的小生物。如果有人為了減少飲食對環境造成的影響,想從吃牛肉改成吃毛毛蟲,那麼唯一的現成選項,就是嘗試一些毛毛蟲料理。當然,許多美國人關心氣候變遷,但是否足以讓他們品嘗熱炒蠍子?我們已經知道,光是問人是否願意品嘗香橙昆蟲,並無法證明任何事。達沙羅於是跑到最近的寵物店,把爬蟲區每一種可食用的蟲子,全都買了一點。接下來,她以各種方式烹調那些蟲子,烤的、蒸的、加上胡椒和大蒜,再看看能不能說服親友試吃。

如同達沙羅的猜想,她的創意料理乏人問津。然而,她在探索人們拒絕的原因時,有了新的見解。和其他許多文化的人不同,美國人一般不吃可辨別的動物部位。美國人通常不會購買整

隻動物吃下肚,在美國超市看到的肉通常都已經過切割。達沙羅發現,美國人真正愛的,其實是那些看起來一點都不像食物的食物,例如各種粉類和營養補充品。如果她能把對環境友善的昆蟲蛋白質藏在冰沙裡,她或許已有了既環保又美味的產品了。試圖說服人們吃蟲子(但失敗),使得達沙羅日後產生雀普思蟋蟀蛋白粉的點子。

再次強調,不要跳下研究、思考與規劃的無底洞。你要在真實世界的環境裡嘗試點子,摸清楚情況究竟是怎麼一回事。請注意,達沙羅是在煮完蟲子、問親友要不要吃之後,才找到洞見的。探索的重要目的,就是想出可供測試的點子。如果你知道用戶或顧客早已在用某種方法解決讓你感到心煩的問題,那就從那裡開始。如果不知道,那就問他們:「上次你遇到這個問題時,你怎麼處理?」然後從那裡開始。

把原本就有的解決方案,當成你現有方法的基礎,這可能看似模仿,但沒關係。人本來就是透過模仿學習,原創的意思不是每次你開車都要重新發明一次輪子。先把現有的解決方案當成模板,能走多遠就走多遠。當你發現既有的解決方案讓使用者感到失望或沮喪時,從那裡開始實驗。創新始於事情開始行不通的摩擦點。

簡而言之,讓自己沉浸在問題中,無關乎商業計劃,也無關乎市場調查,重點是找到你可以做出最有貢獻的著力點。如果你仔細觀察,你會發現可行與不可行之間的那條縫隙。那個裂縫的形狀,將是你產生最佳點子的框架。

＊ ＊ ＊

　　設計出引發好奇心的問題來刺激思考，只是點子流的一個面向。如果缺乏穩定的發散型輸入，例如新概念、新方法、新技術，你將無法產出成千上萬的發散型點子。你接收的東西如果和其他每個人都一樣，可以想見你的點子會和別人大同小異。

　　下一章會介紹幾種有效的技巧，教大家蒐集原料，轉換成真正的原創思考。

第10章

鼓勵創意碰撞

　　快捷半導體（Fairchild Semiconductor）一度引領著全球的創意碰撞，這間公司本身就是創意碰撞的產物。

　　1956年，美國物理學家蕭克利（William Shockley）與另兩位科學家，憑著研究資訊時代的關鍵元素「電晶體」榮獲諾貝爾獎。蕭克利在同年離開孕育出無數創新的貝爾實驗室，在加州山景城（Mountain View）成立「蕭克利半導體實驗室」（Shockley Semiconductor Laboratory）。

　　蕭克利為了就近照顧生病的母親，把公司設在山景城，然而對於那個年代的技術創新而言，山景城遙遠如另一顆星球。由於沒有老同事願意大老遠和蕭克利一起移居美西，他不得不招募剛畢業的工程師。求職若渴的年輕人才與劃時代的新技術，就此產生碰撞。年輕新血的加入，在奠定創意文化方面扮演關鍵角

色,為我們帶來個人電腦及許多其他科技創新。

諾貝爾的光環對蕭克利而言並非好事。他原本就脾氣暴躁、個性偏執、不易相處,這下子更是變本加厲。在蕭克利的實驗室工作可不輕鬆,蕭克利會做出各種稀奇古怪的事,例如堅持錄下公司的每一通電話。有一次還因為有員工出於不明原因受了小傷,而他為了抓出「罪魁禍首」,要求所有人測謊。不過,雖然蕭克利在各方面都是失職的領導者,但他善於發掘人才,旗下聚集了世界級的年輕工程師。

蕭克利半導體實驗室的員工基本上都能忍受老闆的獨裁管理風格,但有一天蕭克利莫名其妙宣布,公司要停止研究矽基半導體。由於這項新技術才正要嶄露頭角,員工決定是時候採取行動了。(不曉得為什麼,人類總是會在取得創意突破之前放棄。)從某種角度來看,接下來發生的事是一場創意碰撞。因為蕭克利的研究禁令,直接對上一群年輕有為的問題解決者。

那群年輕的工程師自知運氣極好,身處千載難逢的最新技術前沿。矽基電晶體能讓電子計算突飛猛進。在山景城,不受主流物理學與工程界看法的約束,這群年輕人幾乎可以實現任何目標。然而,這個一生一次的機會,必須是他們被允許去追求,才會有意義。日後被稱為「八叛徒」的幾位工程師,因此決定離開蕭克利的實驗室、自立門戶,創辦快捷半導體。蕭克利無意間催生了矽谷。

接下來,快捷在資訊年代的開端扮演關鍵的角色,既是創新的育成中心,同時還帶來人才薈萃的年代。快捷大部份的創辦人,日後又成立其他重要的機構,包括電腦晶片巨擘英特爾。相

關公司被稱為「快捷的徒子徒孫」（Fairchildren），共同構成了1970年代與1980年代矽谷的中堅力量。不過，雖然快捷對科技帶來重大影響，但該公司本身已邁入中年，變成相對僵化的半導體製造商。快捷來找我們時，公司苦於無法創新的程度，已經有如面臨電晶體問世的真空管製造商那樣艱難。背後的原因不是缺乏專業技術，也不是研發投資不足。快捷在技術方面依舊首屈一指，只是關注焦點變得過於狹隘，很難解決與矽無關的問題。

快捷的銷售組織把心力放在照顧大型客戶的需求，這點無可厚非，畢竟快捷大部份的業務由少數幾間大企業主導。光是在這幾個客戶身上下一點功夫，就能走得很長遠。然而，快捷由於重視大客戶，使得中小型企業的銷售下滑。該公司希望在我們的協助下，能「為小型客戶重新打造顧客體驗」。

我們倆都很高興有機會與快捷這樣一個歷史悠久的組織合作，他們找上門的原因，確實也是我們的專長。快捷的小型客戶包括某間特立獨行、名為特斯拉的汽車新創公司，而這些客戶遇到大問題。我們召集了這些公司的代表，進行同理心訪談。訪談結果讓快捷感到意外，看來半導體產業普遍存在的供應鏈中斷，大企業幾乎沒受到影響，卻讓小企業天翻地覆。我們蒐集到許多例子，其中一個是經常延遲到貨，導致資本明明足夠的新創公司，未能達到關鍵的預期收益。小型客戶為了避險，也會同時向快捷的競爭對手下備用訂單，希望這幾間不可靠的供應商，至少會有一家及時交付他們所需的產品。

快捷得知這種情形後的反應，令我們十分震驚。快捷確實意識到這個問題，但認為無可奈何，生產和配送的意外延遲是這

一行的現實。客戶不管找哪間供應商都會遇到同樣的問題，也因此不論快捷的聲譽或獲利會如何受到影響，這都是沒辦法的事。（這種不幸的隧道視野是聯想高牆的又一例。第8章的巴塔哥尼亞正是因為如此，看不見UA所代表的機會。）

你可能猜到了，快捷的點子流正處於低水位。如何才能讓快捷的點子流再度動起來？

提供水源

神經生物學家費里斯—奧利維里斯（Morten Friis-Olivarius）指出，「大腦無法無中生有。」[1]他把創意定義為「以新方式混合已知的事物。」或是如同睿智的小說家柯斯勒（Arthur Koestler）提出的理論，創意是合成兩個看似不相關的「參照框架」（frames of reference）。[2]不論如何定義創意，關鍵是我們永遠不會憑空創造。我們反而會連結自己已有的東西，以新方式結合兩個以上的元素。豐富的點子流需要有大量的原料，才有辦法混合出更多出乎意料的組合。

不幸的是，在大多數領導者眼中，蒐集輸入看起來並不像傳統定義中的工作。詩節公司（Stanza, Inc.）在全球產製、經銷十四行詩、民謠和十九行詩。執行長經常被自己在詩詞部門看到的古怪行為給激怒：員工竟敢在工作日跑去散步，還花無數小時研究畫家、攝影師、雕刻師、電影製作人的作品。這群不務正業的傢伙，居然閱讀**詩歌**以外的東西。他們該回去工作，好好改善韻文，下一季的詩可不會自己寫出來！

但其實，輸入至關重要。不論你的員工是負責寫詩、追求專利，或是選擇成長策略，輸入的數量愈大、愈多元，後續的組合也就愈有價值。這是專業的創意人士已經理解的，也是他們不斷為靈感提供素材的原因。然而，他們並沒有因此止步。有了輸入後，還得讓輸入有機會在創意碰撞中相會。等一下會提到，你通常得暫時從問題抽身，讓大腦在背景裡處理你蒐集到的東西。在詩節公司的執行長眼裡，這種事看起來也不像在工作。

歐洲核子研究組織（簡稱CERN）在瑞士擁有全球最大的粒子物理實驗室。在其佔地廣大的日內瓦設施裡，來自世界各地的科學家和技術人員為了揭開宇宙的祕密，日以繼夜地工作。CERN利用粒子加速器，以超高速碰撞原子。這樣的碰撞產生巨大無比的力量，將粒子碎成更小的粒子，使觀察者能在過程中一瞥現實世界的組成元素。

雖然創意碰撞比不上CERN的原子碰撞那樣猛烈，但卻可能帶來威力更強大的點子。舉例來說，全球資訊網便是在CERN誕生，因為柏內茲-李（Tim Berners-Lee）在那裡工作時，設計出方便研究人員分享資訊的工具。（幸好主管發現柏內茲-李爵士在研究超文本〔hypertext〕時，沒命令他回去做「真正該做的工作」。你能跟那位主管一樣有耐心嗎？）網路接著成為創意碰撞的火車頭，規模大到連做夢都想不到。

加速器需要粒子才能運作，點子流也需要事實、模式、線索、經驗、觀點與印象。CERN打造長16英里的大型強子對撞機通道，有足夠的空間讓粒子加速；再短一點的話，力道將不足以產生碰撞。同理，高度多元的對照將帶來更值得留意、更實用

的交會。當你的點子開始千篇一律時，記得要拓展視野。

音樂人鮑伊（David Bowie）在程式設計師羅伯茲（Ty Roberts）的協助下，設計出「Verbasizer」這套軟體，可隨機分割與重新排列文本，以激發出新歌詞的點子。這種被稱為「剪切」（découpé）的文字手法不是鮑伊發明的，至少可以回溯到達達主義時代，後來被小說家布洛斯（William S. Burroughs）進一步推廣為「切割法」（Cut-Up Method）。不過，鮑伊是最早用電腦來切割與重新排列文字的主流流行藝術家。「你最後會得到的是，」鮑伊一邊敲鍵盤一邊說，「名副其實的由意義、主題、名詞和動詞構成的萬花筒，所有的東西彼此碰撞。」[3]

經常與鮑伊合作的音樂人伊諾（Brian Eno），也想出刺激發散型思考的類比法。他在1970年代找人合作，製作出名為「迂迴策略」（Oblique Strategies）的一套卡片，上面印有能鼓勵水平思考的各種問題、指示和格言。缺乏靈感的時候，抽一張牌，並按照上面的神祕指示做，例如「顛倒過來」或「你不會做什麼」。這套迂迴策略的卡牌流行了數十年，日後有各式各樣的版本出現，成為全球的作家、藝術家、音樂人與商業創意人士愛用的工具。

各位在實驗本章介紹的輸入蒐集法時，絕不能忘了多元的重要性。愈是追求千奇百怪的輸入，帶來的碰撞就會愈有意思、愈珍貴。

那麼，如何能習慣性替點子帶來素材？答案是刻意接觸出乎意料的新鮮事物。

年紀輕的時候，每件事自然都很新奇。五歲小孩生活在世

第10章　鼓勵創意碰撞

上的日子,尚未長到太陽底下沒有新鮮事。**每一件事**都是新的。長大後,大學也是充滿創意的階段,因為你再度被丟進新情境,接觸到大量不熟悉的點子。然而,一旦完成學業、進入職場,這種發散的輸入流便會減弱。隨著你制定與遵守例行公事,努力改良完成工作的方法,你大部份的時間都待在熟悉的環境,大腦便不再那麼關注一天中的每個細節。這就是為什麼我們年齡愈大,光陰飛逝的速度似乎就愈快。我們把更多視為理所當然,**看到**的卻更少。

在大型機構中尤其如此。機構有如球體,球體愈大,表面積相對於體積就愈小。你不免會被機構的龐大官僚體制包圍,與世隔絕。相較於新創公司或小型企業,大型機構的任一員工與顧客、競爭者和廠商之間的連接點要少得多,而這些連接點能提供有用的訊息。

有一項研究在30年間訪談40名科學家,其中有4位是未來的諾貝爾獎得主。從他們的習慣到工作方法,研究人員想找出究竟是哪些因素長期支持這群科學家去解決問題、發揮創意。[4]最後發現,與長期成功息息相關的因子,其實是科學家在實驗室**以外**的時間利用,包括嗜好、旅遊、藝文活動等等。更多的輸入,等同更好的輸出。

你不會因為整天都在吃黃瓜,就在醃黃瓜產業有所創新。輸入的起點離你愈遠,帶來的組合就會愈珍貴、愈有意思。與其試著找到有意義的事物(這句話隱含的意思是,你看到就會知道),還不如假設每一樣東西都能從中找到意義。請帶著不批判的眼光研究這個世界,讓大腦以自己的步調建立連結。

漫步尋奇

漫步尋奇是一種很簡單、卻能改變人生的練習。請在一個充滿刺激的環境中散步，用雙腿餵養你的大腦。

研究顯示，光是走路就能大幅提振創意。史丹佛大學的研究人員發現，就連只是走在跑步機上，81％的受試者的創意發散型思考也有所提升，這種增強效果在坐下之後依然存在。[5]研究人員的結論是「在外頭走路能帶來最新穎、最高品質的類推」，但也補充說明，只要身體有動，就能「讓點子開始自由流動」。

所以說，至少要起身。如果能出門，那就出門吧。接下來，為了讓走在街區變成有驚喜的四處閒晃，你可以選好一個框架。漫步尋奇要在出發前，就先想出一個好問題，接著穿梭於某個空間，刻意替你選好的提示尋找連結。你想像四周已經布置好寶貴的線索。每遇到一個新鮮的刺激就問自己：「這和我的問題有什麼關聯？」

如果有人戴著雷朋（Ray-Bans）的太陽眼鏡，或是你經過穿著露露檸檬（lululemon）瑜伽服的人，自問那個品牌會如何處理你的提示。品牌的脈絡離你愈遠，這個練習的效果就會愈好。如果有特定東西脫穎而出，例如消防栓、籃球框、郵箱，可以把它當成隱喻來玩味。「消防栓的基本功能是什麼？這又如何能應用在我的問題上？我們是否漏掉了某種『消防栓』？」

團隊待在會議室的時候，通常都要想個老半天，才能想出兩個以上的潛在類推。然而，當團隊接觸到漫步尋奇帶來的發散型輸入，可能性就會自然而然出現。如果你正在試圖釐清有

哪些人能快速建立信任,天啊,好難的問題⋯⋯直到你走出辦公室,發現到處都是答案,例如托兒所老師、助產士、財務規劃師、藝術家、混合健身(CrossFit)的訓練人員、營養教練等等。光是走在城市的一條街道上,就能立刻想到許多種可能性。

賈伯斯在一家百貨公司的廚房用品貨架上,找到最初的麥金塔電腦(Macintosh)靈感。當他看見架上的美膳雅(Cuisinart)食物處理機,覺得就是這個了。「賈伯斯在那個星期一雀躍地跑進 Mac 辦公室。」作家艾薩克森(Walter Isaacson)在這位已故的蘋果共同創辦人的傳記中描述:「他要設計團隊去買一台美膳雅的食物處理機。接下來,賈伯斯根據那台機器的直線、弧線與斜角,提出大量的新建議。」[6]

漫步尋奇的關鍵是數量。寫下你想到的問題與連結,接著繼續走下去。以下舉幾個例子說明,這樣的一場散步能如何為點子發想帶來有用的提示:

- **學校操場**:操場會展示其他孩子的玩具。我們能如何展示自家顧客使用產品的情形,讓其他人也能看到?
- **豪華汽車**:豪華汽車的內裝是選配的。我們能如何提供「套裝選項」,讓買家也能進行客製化購買?
- **亞馬遜的送貨車**:亞馬遜會依據顧客的瀏覽紀錄建議產品。我們能否改造那種做法,讓旗下的實體店面也照著做?
- **紅綠燈**:我們能否用「黃燈」提醒顧客,他們購買的產品快用完了?

- **美甲沙龍**：結帳櫃檯擺放的一排排指甲油，看起來很吸引人。我們能不能依樣畫葫蘆，利用自家產品的不同顏色和形狀，排成漂亮的樣子？

在漫步尋奇的期間，你會依據隨機的輸入，嘗試各式各樣的心智模型，重點是以不受限的方式刺激洞見。正如醫生作家狄波諾（Edward de Bono）寫道：「我們天生的傾向是搜尋不同的方案，找出最佳的那個。」當你在搜尋輸入時，不要期待會直接找到解決方案。相反的，根據狄波諾的說法，「搜尋的目的是鬆綁僵硬的模式，激發新的模式。」[7]

要有創意的話，一定得散步嗎？從古希臘哲學家亞里斯多德到音樂家普契尼（Giacomo Puccini），再到賈伯斯，歷史上許多偉大的思想家、藝術家與企業家，八成都會同意這一點。即便如此，當你被困在飛機上或候診的時候，也可以做以下幾件事，以激發你的好奇心：

- **閱讀**：隨手挑一本書或雜誌。檢視封面，隨機翻開一頁。想像有人刻意替那一頁做了記號，提供你解決問題的線索。為什麼是那一頁？
- **上網瀏覽**：上維基百科，點選「隨機條目」（random article）。維基的網站上有數百萬條群眾外包的條目，讓自己被帶往其中一條。接下來，假裝你其實不是隨機看到那個條目。維基百科想告訴你什麼？（其他的線上工具，也能帶你到隨機的網站、影片等等。）

在隨機的地方尋找「線索」，感覺像是神祕學在做的事。然而，跟解讀塔羅牌不同的是，我們只不過是在利用大腦的模式配對能力，提供材料給我們的點子。大腦為了省力，偏好走認知捷徑，常常看了，但沒看進去，或是聽了，但沒聽進去。為了破除這種現象，你要帶著意圖踏上漫步尋奇，在你觀察到的隨機輸入中，持續尋找相關性，假設彼此存在著關聯，讓大腦找出來。

類比探索

來一趟漫步尋奇，就能輕鬆蒐集輸入，想到各種說不定能派上用場的類比。當你感到卡關，隨時可以去散個步，然後帶著路上找到的寶物，回到辦公桌前。不過，有時問題需要更深入、更專注的探索，不只是簡單思考你的業務和路上咖啡廳的類似之處，而是要走進店裡買杯咖啡、坐在桌旁，甚至和客人、員工聊聊天。換句話說，你帶著意圖搜尋，在這場體驗中不斷擷取資訊，替問題找到突破口，此時的漫步尋奇可說是變成了「類比探索」。

我們認為，快捷半導體的領導團隊可以運用類比探索這項工具。但他們懷疑，不再讓小型客戶失望的解決方案，怎麼可能還需要到外頭尋找？他們可是半導體物流專家啊。

我們運用一個類比，來說服快捷相信類比的價值：點子或許不像電腦記憶體一樣有實體，但你還是需要原料才能得出點子。沒有矽就做不出晶片；沒有輸入就得不出點子。當快捷勉強同意嘗試我們的做法時，我們請他們想一個問題：「在供應鏈不

確定的情況下,我們能如何讓小型客戶有信心?」為了展開類比探索,這個問題變成:「在供應鏈不確定的情況下,誰仍然能讓顧客有信心?」半導體產業尚未解決這個問題,有其他產業成功的例子嗎?

我們帶快捷的團隊離開辦公大樓,在人行道上來一趟漫步尋奇。他們的身體一旦動起來,大腦也開始替任務暖身。我們路過一間凱悅飯店,一名快捷高層說:「旅館永遠不會知道,客人訂房後會不會真的出現。」路過餐廳時,另一位高層也想到:「主廚永遠無法確定,今天會採買到什麼食材。」更多潛在的類比一一出爐:花店、香料市場、咖啡烘焙機。

我們沒直接回辦公室,而是走進感興趣的店,展開深度的類比探索。我們在飯店發現,競爭對手會分享有多少空房的數據,以確保大型活動造成的超額預訂,不會導致遊客無房可住。沿著街區走下去,又碰上花店老闆告訴我們,她是如何與送貨公司溝通,確認每班貨車何時會抵達。她還會和花農交談,了解他們何時採收,甚至知道他們會種什麼。與供應鏈合作伙伴之間的這種透明度,讓她得以規劃節日與大型活動。我們探索的每一間店,幾乎都能提供一、兩個意想不到、挑戰半導體產業現況的類似情形。

類比探索讓快捷針對改善小型客戶的體驗,做出重要的改變。舉例來說,飯店櫃檯的回饋,讓快捷和競爭對手協調,以確保需求意外大增時,小型客戶依然能取得關鍵元件。既然這些客戶原本就會為了分散風險四處下單,為什麼不乾脆讓流程不必再這麼麻煩?此外,快捷擴大花店老闆的做法,與最大的經銷伙伴

擬定全新的資訊分享協議，以增加供應鏈的透明度。快捷事後告訴我們，這是他們的產業50年來最大的供應鏈創新。只是在公司附近走一走，收穫還挺不錯。

快捷的營運長後來還告訴我們，緊盯著競爭對手其實是一種陷阱，因為他們也不知道該如何解決供應鏈的問題。這次快捷刻意尋找出乎意料的靈感來源，才得以展開一系列的創新，重振公司的創意文化。

這些年來，我們運用類比探索，得出各種出乎意料的組合。我們協助澳洲的一家金融服務組織向刺青店學習；協助一家以色列公司向農夫市集學習；協助紐西蘭水產業向茶葉鋪請益；也協助一個日本集團向攀岩館討教。在這些案例中，每個團隊先前很難解決問題的原因，全都出在缺乏能帶來新穎點子的必要輸入。

請記住意圖的重要性。永遠從一個框架起步，在出發尋找靈感之前，先以「我們能如何……？」的形式，說出你試圖解決的問題。接下來，讓那個問題化為類比探索的提示，自問：「誰在那方面做得非常好？」好了，現在離開會議室，開始漫步。

與其請教你遇到的人，還不如沉浸在體驗中，以第一手的方式觀看他們如何解決問題。有辦法的話，甚至成為他們的顧客，或是簡單觀察他們如何與顧客互動。舉例來說，如果你請教理髮師如何建立信任，他們可能會聳聳肩，或是說一些**聽起來**正確的答案：「我猜是因為我會看著客人的眼睛，非常認真地聽他們說話。」但現實情形可能大不相同。有一次，我們觀察到理髮師對客人講話非常直接。（「不論我再怎麼打理你的頭髮，你都

不會看起來像布萊德‧彼特。」）然而，客人並沒有氣急敗壞離開，這證明理髮師有話直說反而贏得客人的信任。這是一種意想不到但有效的策略，要不是親眼所見，我們永遠不會想到有這種事情。

這裡再說一遍：永遠別忘了框架。上班時間外出走走能振奮精神，但也很容易會忘記自己的學習目標。你要不斷在每次探索之前、之間和之後，提醒自己和合作者，你們究竟試圖學到什麼，以確保每個人腦中搜尋模式的儀器都能調到正確的頻率。

一旦蒐集好一組觀察結果後，請建立一個新框架來激發你可以測試的點子：「我們如何能和理髮師一樣超級誠實，以建立新客戶的信任感？」這樣的提示遠比「我們能如何快速建立信任感？」還要來得豐富有趣。

※ ※ ※

點子流並不是你為了解決問題就能當場啟動的東西。為了確保在需要時能有穩定的新點子流，你得養成習慣，讓自己接觸意想不到的輸入。解決方案不會在你有意識地試圖解決問題時出現，而是會在你洗澡或開車上班時「憑空」冒出來。如果你追蹤那個解決方案的出處，你可能會發現其實源自某次你和另一半聊天，或是你讀到的東西、你健身時聽到的某集播客節目。這些輸入一直在背景滲透，直到你的心思被其他的事稍微佔據時，才會合併成一個解決方案。點子就是這樣運作的。如果你等到下次發生危機才開始蒐集輸入，那麼輸出永遠不會及時出現。

如果花時間蒐集輸入聽上去不專業,請留意史上最偉大的商業領袖,他們全都持之以恆這麼做。大師級的創新者會在行事曆中,安排會有意外收穫的時刻。忙碌的經理可以每星期挪出1小時到附近走一走;副總裁可以把目標訂為2小時;執行長可以努力挪出5小時以上。貝佐斯在創辦亞馬遜的早期歲月,行事曆上盡量在星期一和星期四不安排任何事情,讓自己有時間「搜尋點子瀏覽自己的網站,有時只是單純上網」。[8]如果你的工作需要替未來制定願景,則今日的點子將決定明日的盈虧。所以,去讀本主題毫不相關的書、在一天中看場電影、穿梭在鬧區。如果你期望機器能運轉,你得放進原料才行。

　　此外,從小方面改變日常習慣也能幫上忙,例如換條上班路線、換手刷牙;就連進辦公室的時候向左而非向右轉,也能引發洞見。你要養成改變習慣的習慣,做什麼都可以,即便只是讓大腦稍微失去一點平衡也好。我們的思維就是這樣被迫離開舒適圈。當我們試著找回平衡時,最有創意。

　　為什麼人們會堅持抗拒蒐集外部輸入?因為熟悉讓人心安。當我們進辦公室時總是向右轉而不左轉,是有原因的。日常習慣讓我們放心。諷刺的是,當我們遭遇必須要有新思維的壓力時,也會是我們最墨守成規的時刻。雖然走老路令人感到安全,但實際上一點都不安全。當你被創新者超車,你會發現舒適圈是死路一條。

── 第11章 ──

解開創意的結

大多數商業人士無法進行原創思考,因為他們掙脫不了理性的專制,想像力被束縛住了。[1]

——廣告大師大衛·奧格威(David Ogilvy)

「一陣子後,你就會陷入絕望。」廣告高階主管楊(James Webb Young)如此解釋創意流程,「你的腦子一片混亂,沒有任何清晰的洞見。」[2]各位或許能懂那種感覺。根據楊的說法,這種強烈的徒勞感,事實上是點子演變的必要階段,你可以預期一定會碰上這種撞牆期,甚至會珍惜。

當然,不保證一定能柳暗花明。

偶爾知道自己卡住是一回事,有效回應又是另一回事。本章會解釋,為什麼卡關不僅無法避免,還是創意流程的關鍵環節,而當你再次陷入僵局時,又該怎麼做。

愛因斯坦在得出一生的重大發現前,也曾經觸礁。這位物理學家想破了頭,就是無法調和自己的廣義相對論與世人對於光如何運作的理解。然而,愛因斯坦知道就算把黑板瞪穿了洞也沒

用。相反的,這位陷入困境的思考者懂得從問題中抽離出來。作家艾薩克森在這位著名科學家的傳記中描述:「〔愛因斯坦〕去拜訪他最好的朋友貝索(Michele Besso)。愛因斯坦是在蘇黎世讀書時,認識這位聰明又興趣廣泛的工程師,日後又邀他加入瑞士專利局。」[3]愛因斯坦告訴貝索,自己被困住了。

「我要放棄了。」愛因斯坦宣布。

愛因斯坦的意識向難題投降,由潛意識接手。隔天,愛因斯坦再次拜訪貝索:「謝謝你。」愛因斯坦告訴朋友:「我已經徹底解決這個問題。」唯有先放下這個結,愛因斯坦的大腦最終才能加以解開。他和朋友散步,不再糾結於這個問題,最後憑直覺從廣義相對論跳到狹義相對論。

「千萬不要硬逼。」楊建議糾結的思考者,「放下整件事,盡量完全不去理會這個問題。」當我們在其他領域遭遇阻礙時,解決之道通常是工作得更久、更努力,或完全不知所措。然而,在構思點子的過程中卡關是很自然的事。不要恐慌。對於創造事物富有經驗的人學會預期卡關的到來,甚至加以歡迎,並把它當成突破即將來臨的跡象。史密斯(Patti Smith)身兼歌手、藝術家和詩人的身分,她在感到「狀況不佳」時會採取特別悠閒的策略:「我會試著做點什麼,例如散很長的步,但只是為了打發時間,直到有好看的電視節目。」[4]史密斯是多產的藝術家,數十年創作不墜,她明白「打發時間」絕非易事。一旦已知的做法都被剔除了,你就只剩下潛意識能在背景中組合出來的東西了。潛意識會把你蒐集到的輸入重新洗牌,轉成各種新奇的型態,直到某個好點子出現。

要前進，就得先後退。「還記得嗎？福爾摩斯會在案子解到一半時停下來，拉著華生去聽音樂會？」楊寫道，「對於個性老實、一條筋通到底的華生來講，這是破案過程中很煩人的一件事，但福爾摩斯的作者道爾〔Conan Doyle〕是創作者，他清楚創意的流程。」

戰術性撤退

路易士（Michael Lewis）在《橡皮擦計畫》（*The Undoing Project*）一書中，講述以色列心理學家康納曼與特沃斯基，主要是透過長時間散步和彼此開玩笑，共同發展出行為經濟學。有的同事甚至對他們在應該工作時卻玩得這麼開心而感到不滿。然而，這兩個人就是因為一起散步聊天、一起大笑，生產力驚人。他們在合作多年的歲月中，共同進行一系列複雜、巧妙、充滿洞見的實驗，征服古典經濟學界，並榮獲諾貝爾獎。「做好研究的祕訣，」特沃斯基曾經表示，「永遠都是有點不務正業。你會因為一小時都不浪費，而浪費了好多年。」

法國數學家龐加萊（Henri Poincaré）和愛因斯坦一樣，也知道何時該離開問題。龐加萊寫道：「我的注意力轉向研究某些算數問題，顯然不太成功。」[5] 龐加萊沒責備自己，而是跑到海邊待了幾天。一天早上，他在懸崖邊上走著，「突然一瞬間確認」解法。意識到碰上阻礙後，刻意放下手邊的問題，這種做法違反直覺，卻是基本的創意技能。

我們在第2章曾大力主張，要養成讓行事曆留白的習慣，把

這當成你的核心創意策略。在這裡，我們把那個做法從戰略層面放到戰術層面來看。戰術性撤退絕對不是拖延。拖延是一種把你知道現在該做的事情延遲到日後再做的藝術，但如果連該做什麼都不知道，那就談不上拖延了。事實上，真正的浪費時間是明知道卡住了，還堅持鑽牛角尖。光是一個有創意的解法，就能幫你省下好幾天、好幾個星期，甚至是好幾個月的力氣。如果你忙到無法發揮創意，就必須重新檢視自己的優先順序。不論你扮演什麼角色，創意是你投入任何努力所帶來的最高價值。

　　有關於創新和創意的建議，很多都與「更多」有關：更多方法、更多習慣、更多技巧。如果我們不同時擠出一些不那麼重要的時間，來抽離手邊的問題，為反省、沉思製造空間，我們只會阻礙自己提振點子流所付出的努力。正如奧格威在本章開頭的提醒，我們的想像力被日常瑣事所束縛。如同蒐集發散型輸入、認真測試點子需要戰略，為了逃離「理性的專制」，也必須戰術性撤退，退出即將打輸的戰役。身為「廣告之父」的奧格威是創意輸出心智遊戲的佼佼者，他直覺知道，若想要產生更多點子，就必須少做一點。

　　「我發明了幾種技巧，能讓通往潛意識的電話線保持暢通，以防那間堆滿雜物的倉庫有事情要告訴我。」奧格威寫道，「我聽大量的音樂⋯⋯泡很久的熱水澡。我種花。我和艾美許人（Amish，譯注：此一基督教派拒絕使用現代設施，有自己的社區）一起隱居。我賞鳥。我在鄉間長時間散步。我經常度假，但不是打高爾夫、參加雞尾酒派對、打網球，也不是打橋牌、玩『全神貫注』（concentration），而是只騎腳踏車，讓大腦得以休

息。」值得一提的是，這裡的「全神貫注」是紙牌遊戲的名稱，但此處兩種意思都適用，可以指翻牌遊戲，也可以指專心。如果要讓點子流動，你必須放鬆繃緊的神經。

放鬆是頂尖人士反覆出現的主題，而那些人並沒有無限的時間。事實上，我們和執行長、創業者對談，一再發現他們刻意空出能讓心智休息的時間和空間。方法不是週末不收信就好，甚至也不是古怪的「和艾美許人一起隱居」，而是當作每天都要做的事情。

我們在第7章介紹過的霍普蘭梅齊，擔任凱悅集團的總裁暨執行長已近二十年。如同任何員工達數萬人的大公司領導者，他一天的時間幾乎都被會議佔滿。事實上，他的行程表「相當滿」，要讓每件事井井有條是一大挑戰，所以不論去到哪裡，霍普蘭梅齊都會隨身攜帶筆記本。他會在打電話或開會前，寫下三、四項條列式重點，摘錄他希望溝通的事及自己的主要看法。這麼做通常就足以讓他保有效率、講出重點，但他偶爾也會中斷一天繁忙的工作，獨自思考某個特定的問題。「我因為這麼做，好幾次有了突破。」他告訴我們，「這已成為一種策略。」

然而，究竟**何時**要這麼做？一個坐在執行長位子的人，到底是如何決定是時候該拒絕感覺上很緊急的事、花時間安靜思考？對於一個肩負如此重任的人來說，一定很難騰出空間，更別說這不符合霍普蘭梅齊的性格。「有壓力的時候，」他告訴我們，「我的預設反應是捲起袖子、更努力工作。」然而，他知道捲起袖子解決不了點子問題。「當我真的卡住時，」他說，「我需要退好大一步，讓頭腦自由。」

躲進安靜的空間思索難題，理論上聽起來很不錯，但沒人有那種餘裕，能在每場會議、每通電話、每封電子郵件後都那樣做。霍普蘭梅齊會在出現兩種徵兆時知道該撤退。第一個徵兆是隧道視野，他說：「我會絞盡腦汁研究問題，其他什麼事都不管，停不下來。」一旦視野被矇住，霍普蘭梅齊就知道雖然需要發散型輸入來刺激洞見，但自己已經關閉渠道了。那第二種線索呢？當他翻開筆記本想要總結自己的想法，卻辦不到。「當我不知道該如何組織我想說的重點時，」他表示，「那是因為我自己都還沒想好。如果無法摘要，我就得退一步。」

當你陷入困境時，讓自己遠離問題，聽起來頗有道理，但實務上你有多常做到？大多數時候，卡在問題裡反而只會讓我們掙扎得更厲害，在反芻思考與隧道視野裡愈陷愈深。正如我們在第1章曾探討過的，點子問題的典型徵兆是硬逼也沒用。當你發現自己在原地繞圈，不妨使用戰術性撤退。找個安靜的地方，花個幾分鐘思考；或者更好的是，做一些稍微分散注意力的事，提供潛意識運轉的空間。

我們竟然必須把撤退明確列為戰術，實在是很諷刺。為什麼這種事無法自然發生？我們和領導者合作時發現，抽離問題與一般做事的模式完全背道而馳，也因此是領導者最不願意嘗試的辦法——**即便他們知道，這個方法最有可能帶來解決方案**。這是不合常理的。世上的其他每一件事，只要專注與努力，都會取得成果，唯獨創意不同。在我們停止掙扎後，才會出現創意突破。一旦以合適的方式定義問題，當我們稍微被其他的事分心，或單純放空發呆、短暫休息時，直覺就會發揮最佳效用。

身處團隊之中時，特別難採取戰術性撤退。在錯誤的環境裡，能讓點子流不再堵住的行為，在別人眼裡像在拖延或偷懶。如果你是面臨危機的領導者，暫停可能看起來像是決策癱瘓，這種事最會導致團隊士氣低落。領導者不願意冒險發送錯誤的訊號，寧可貿然前進，不留突破所需的醞釀時間。

不過，從 DNA 的雙股螺旋結構到行為經濟學，各種創新都是在刻意分心時湧現出來的。與其把這種行為視為逃避，甚至是逃跑，不如把你的行為重新定義為戰術性撤退。你要在團隊文化裡灌輸這個概念，如此一來，每個人都能理解暫停的目的及對整體任務的價值。如果你想鼓勵這樣的行為，讓大家感到這樣的行為很正常，你就得先親自示範才行。

撤退的戰術

你也可以利用其他的方法撤退，其中許多聽起來很耳熟，例如散步，無論是獨自一人或找人一起都可以。你也可以閱讀自身專業以外的讀物，或是去聽另一個領域的專家演講。你可以玩遊戲，甚至小睡片刻。不論採取哪一種方法，當我們不再抓著問題不放，允許潛意識悄悄運作、將先前蒐集的輸入重新排列組合，反而會有進展。

不過，有的干擾又太分散注意力了。拿出手機玩幾回合令人上癮的手機遊戲，一開始會感到放鬆，但不會帶來突破。此外，在 Netflix 上追劇也沒用──你可以想想，上次邊看電視邊想出好點子是什麼時候？一頭鑽進過分吸引人、多采多姿與忙碌

的活動,只會沖走在有意識思考(conscious thought)的背景中原本就模糊的印象。

媒體理論家麥克魯漢(Marshall McLuhan)把媒體分為冷熱兩種。電視等熱媒體(hot medium)充滿資訊,卻造成一種被動吸收的狀態;書籍等冷媒體(cold medium)則沒那麼令人無法抗拒,需要更多主動積極的參與。你可能猜到了,熱媒體無法提供心智運轉所需的空間。

當你的創意枯竭時,你可能原本就有足以仰賴的撤退戰術。如果有的話,請選擇適合你的。如果沒有的話,我們推薦以下幾種替代方案。

下水

拿不定主意時,就去碰碰水。泡澡或沖澡都可以,甚至去游泳,這能為解決創意問題提供恰到好處的干擾。[6]

當然,你也可以去衝浪。美國理論物理學家李斯(Garrett Lisi)就是靠衝浪釋放創意。他在2007年發表了一篇前衛的論文〈極度簡單的萬有理論〉(*An Exceptionally Simple Theory of Everything*),以新的方式整合粒子物理學(particle physics)與愛因斯坦的萬有引力理論,在科學界引發軒然大波。無論李斯的理論是否最終會獲得實驗證實,他無疑對弦理論做出令人興奮的概念嘗試。衝浪在他的創意流程中扮演著重要的角色。

「大玩特玩讓我在解決難題時擁有更多的心智彈性。」[7]李斯在接受採訪時表示,「有時在解決困難的問題時會遭遇瓶頸,不管試什麼都沒用,但是讓自己投入不同的強烈體驗中幾小時,就

有辦法帶著全新的視野重新思考問題,並想出新方法。若是一直按照先前的思路尋找,可能不會想到這個新方法。」

李斯並非唯一藉由衝浪解決問題的創新者。某位駐愛爾蘭的資深主管也告訴我們:「真希望能帶著筆記本站上衝浪板。我在乘風破浪時想出好多突破。」

▋換件事做

完全沉浸在自己的工作中、不受任何干擾,這在創意流程中的某些階段是至關重要的。然而,當你發現自己腦袋卡住時,把注意力轉移到另一件事情上,反而有可能打破僵局,尤其是如果那件事需要不同的操作模式。

這件別的事,有可能完全是另一項專案,或是屬於目前專案的一環,但需要動用不同的技能。美國心理學家格魯伯(Howard Gruber)提出,多產的創意工作者隨時都在從事有關聯的各項計劃。他以英國詩人密爾頓(John Milton)為例,密爾頓的巨著《失樂園》(*Paradise Lost*)耗時近30年,但密爾頓從未讓寫作這篇史詩耗盡自己所有的創意能量。那些年間,密爾頓也創作短詩和散文,同時還從政,也因此即便他在為主要的作品苦苦掙扎時,點子流依然能保持暢通。「當其中一件事陷入停滯時,」格魯伯表示,「具生產力的工作並未停止。」對密爾頓來說,從寫長詩換到寫短詩,或是從詩歌換到散文,都讓他能戰術性撤退。我們在第4章也看過類似的例子:葛蘭姆發明立可白的靈感,來自當秘書之餘兼職手工繪製招牌。

「我喜歡手上隨時至少有三個定義明確的計劃。」作家強森

(Steven Johnson)寫道,「〔一旦〕你定義了它們,你就能更清楚地看見它們之間的關聯。你偶然發現了某件事,你就會想:『喔,我知道接下來會發生什麼。』」[8]

相較於換去做另一件同樣得耗費心血的事(例如密爾頓從寫史詩到寫散文),更有效的方法是「改做不那麼累、盡量讓心思漫遊的事」。一群心理學家發現:「相較於從事費力的工作、休息與不休息,在醞釀期做不費力的事,能大幅改善處理先前遇上的問題的表現。」[9]

從事嗜好

貝爾實驗室的著名總裁凱利(Mervin Kelly),在自家後院「監督排列數萬個鬱金香和水仙花的球莖」。格特納(Jon Gertner)在談傳奇創新中心貝爾實驗室的《創意工廠》(*The Idea Factory*)一書中指出,凱利以「嚴謹到接近荒謬的程度」做這件事。[10]然而,我們可以假設這件事對凱利來說有重要的功能,畢竟他每年都從事這項大工程。你的園藝抱負可以比凱利的小很多(大概也理當如此),但是「把手伸進土裡有一股魔力,可以讓你保持腳踏實地」。第7章提過的創新策略領袖科奇卡告訴我們:「拔草的效果最好。你沒想著工作,但點子開始湧現。有人說他們在洗澡時想出最好的點子,我則是在花園裡想到。」

如果你對園藝不感興趣,也可以彈奏樂器,愛因斯坦就是拉小提琴。或者,也可以做做木工這類的手工藝。有些作家會彈吉他,在鍵盤附近放一把;有些科學家會改造引擎、組裝模型火車;有些創業者則會快速解開魔術方塊。凱利的貝爾實驗室同事

夏農（Claude Shannon）會在走廊騎單輪車，同時拋接四顆球。你的工作環境與興趣（或許還加上平衡技能）將決定你能做些什麼別的事，不過重點是讓你的意識休息並恢復精神，把解題交給潛意識。

小睡

我們在第2章提過，一夜好眠對創意表現來說很重要。除了晚上睡覺，下午小睡片刻也能協助你從新角度解決問題。德州大腦與脊柱研究所（Texas Brain and Spine Institute）所長費德曼（Jonathan Friedman）博士指出，「新興科學證據顯示，小睡片刻能大幅提振認知功能，即便時間極短也有用。」[11]除此之外，小睡還特別能提振創意。有論文指出，小睡能提高你將所學知識連結至靈活框架中的能力，並得出一般性原則，這個抽象化的流程是創意的關鍵元素。[12]喬治城大學醫學中心（Georgetown University Medical Center）的梅德韋傑夫（Andrei Medvedev）博士指出，磁振造影（MRI）顯示右腦在小睡期間出現不尋常的高度整合及同步活動，「大腦可能是在做有用的大掃除，」他表示，「分類數據、整合記憶。」[13]

從音樂家貝多芬到畫家達利（Salvador Dalí），再到發明家愛迪生，各界創作者都仰賴小睡片刻來提振精神、激發洞見。（愛迪生會在他所謂的「思考椅」上打盹。）在你工作的地方，或許會有人不滿你在辦公室睡覺，但有愈來愈多的領導者開始理解這項工具的價值。從Google、Zappos網路鞋店、班傑利（Ben & Jerry's）冰淇淋公司到美國太空總署，許多公司都開始為員工

提供專門的小睡區。如果你實在是沒辦法的話，總是可以往辦公室椅背一靠……。

▌尋找冷媒介

如果熱媒介不行，那就換冷媒介。讀本書、聽播客或觀賞藝術品，都是適合戰術性撤退的活動，能帶來剛剛好的投入程度。除非你是真的、真的超愛抽象表現主義畫派，要不然冷媒介不會完全把你吸進去，導致你把問題忘得一乾二淨。

「我養成紀律，我會閱讀自身領域以外的東西。」全球策略顧問公司「茵賽尼姆」（Insigniam）的執行長羅森伯格（Nathan Rosenberg）告訴我們：「例如，我訂閱《壁紙》（*Wallpaper*）這份設計雜誌，就是為了逼自己以不同的方式觀看與思考。」

▌聊天

葛瑟（Brian Grazer）和長期合作的搭檔霍華（Ron Howard）一起製作了眾多叫座的電影，總票房超過150億美元。葛瑟雇用全職的經紀人，定期幫他安排與各行各業進行「好奇心對話」，從科學家、藝術家到政治人物，無所不包。[14]

葛瑟並非藉由這些會議，蒐集任何傳統意義上的研究素材，他的談話對象與他正在執行的影視計劃沒有特定的關聯。相反的，葛瑟把對談視為**機會**，讓他跳脫當下最迫切的問題，獲得更寬廣的視野。當然，葛瑟在事後回顧時，可看得出這些對話如何影響後續的創意輸出，但他每次對談的用意都是為了從問題中抽離出來，而不是解決問題。

如果你發現自己在原地打轉,那就打電話給朋友聊聊天。也可以一時興起,約以前的同事喝杯咖啡,或是單純在吃晚餐時放下手機,真正和另一半或孩子說說話。唯一的規定是,不准聊你的問題。讓你那部份的大腦有機會休息,敞開心扉迎接意想不到的事情。

▎動起來

前文已經討論過散步的價值。想創造事物,你的工具箱裡沒有比這更好的了。只是要記住:你要擁抱無聊,不能掏出手機來避免無聊。如果突然很想收信或瀏覽社群媒體,你可以確定這是一種徵兆,代表有東西正在你的大腦背景裡暖身。很可惜,許多突破都被數位的干擾之風給吹熄。如果你不顧這種不舒服、不安的感覺,依然繼續前進,那麼大腦就會投降。走著走著,大腦會把注意力轉移到你的問題上,在你穿梭於大街小巷時,它會排列組合你獲得的輸入。

如果**真的**忍不住要拿手機,那就加快腳步。著作等身的美國作家奧茲(Joyce Carol Oates)即便到了八十多歲,仍然認為自己的創意流程少不了跑步,她說:「每天如果不跑步,我寫的東西就會受影響。我的寫作的確必須仰賴以這種運動方式釋放精力。」[15]對寶僑的科奇卡來說,當她需要讓新點子冒出來時也會跑步,不過有時會忘了帶筆記本:「在我慢跑的整個過程中,我會努力在腦中留住點子,一直撐到回去。」

※ ※ ※

　　戰術性撤退需要獲得許可，但不是別人的許可，而是你自己的許可。當我們建議使用這項工具時，人們會說他們必須保持忙碌才行，或至少要裝忙，並把責任怪到老闆或同事頭上。事實上，是你的內心不願意撤退。如果任務明確而直接，就可以在幾乎不帶有不確定性、最不影響情緒的狀態下完成，所以我們的預設動作是先完成待辦清單上的事。棘手的點子問題反而會引發不舒服的感受，要有勇氣才有辦法暫時放下今日的擔憂，想著明日的大方向，就算只是挪出很短的時間也一樣。光是靜靜坐著，就已經感覺是很大膽的舉動。

　　當你撤退時，是為了給你的工作帶來最大的價值。若能允許自己在卡住時抽離，你的耐心會獲得回報。沒有什麼會比「天上突然掉下」創意解決方案，還要更令人鬆一口氣。撤退戰術的共通點，在於至少提供了一點沉思與做白日夢的機會。我們今日太重視短期的衝刺，很容易忘記醞釀點子是多麼重要。完全專注於問題會導致視野狹隘，看不見就藏在附近的突破性解決方案。讓解決方案現形的方法，就是不再只盯著一個點看。

　　1970年，音樂人賽門（Paul Simon）在《迪克・卡維特秀》（*The Dick Cavett Show*）中解釋自己是如何寫出〈惡水上的大橋〉（*Bridge Over Troubled Water*）。[16]這首歌的開頭受到巴哈聖詠曲的啟發，「然後我就卡住了，」賽門表示，「我寫了半天，還是只有那段旋律而已。」

　　主持人卡維特問：「是什麼讓你卡住？」

「嗯，我去的每個地方，都會把我帶到我不想去的地方。」賽門回答，「所以我卡住了。」觀眾大笑，但賽門是認真的。

賽門為了讓潛意識有機會想辦法前進，他放下還沒寫完的歌，開始聽和他的音樂風格不同類別的音樂，最後沉浸在某張福音專輯裡。

「每次我回到家，都會放那張唱片來聽。」他向主持人卡維特解釋，「我想那一定是潛意識影響了我，因為我開始使用福音〔的和弦〕進行。」福音的影響帶來出乎意料的組合，再加上願意暫時放下問題，賽門因此寫下歷久不衰的經典歌曲。

結語

與他人共同創新

創意是可能性的藝術。在面臨兩難困境和最後期限時，誰不會想以一般的方式解決，趕快往前衝？當壓力如山大時，你最不想做的事就是考慮更多選項。然而，正如本書開場提過的七年級學生的觀點，創意是「不要只做你想到的第一件事」。若想在商業或任何領域取得偉大成就，就必須記住這點。創意不僅是解決問題的方法，我們透過創意貢獻最好的自己。

世界級的創作者和第一流的公司都仰賴創意技巧，替問題想出大量的點子，並達成突破性的成果。即便籠罩在壓力下，他們也會抵抗聚斂的欲望，並探索完整的可能性，因為他們相信走這個流程是值得的。這不是因為他們喜歡把事情複雜化，也不是因為他們喜歡混亂。他們知道結果很重要，一定得抓準時機。偉大的創新者通常也極度務實。他們把點子流當成優先要務的原

因，在於他們喜歡贏。本書談到的做法需要花時間精力執行，卻能大幅減少做白工、降低不確定性，並讓成功的機率大增。如果這些相關做法無法帶來理想的成果，我們指導的個人和組織不會使用超過一次。

最冒險的舉動，不是花時間和精力想出兩千個點子。為問題想出大量的點子，接著透過嚴謹的驗證流程篩選，可以**降低**嘗試新事物的風險。真正最冒險的舉動，永遠是只想出屈指可數的點子，然後選擇主管最喜歡的那一個。你因此承受的風險，有如把全部的籌碼都押紅色。這種做法的風險，有如騎摩托車不戴安全帽，甚至是跳傘不帶降落傘，但大部份的組織通常卻都是這樣做事。

在幾乎所有可以想像到的商業環境中，我們已經見證了成千上萬的實驗從頭到尾進行。相信我們，那些在會議室裡看起來「絕對可行的事」，一旦放到真實生活中，很少會真的如想像般進行。這就是為什麼如此多的企業計劃及過度宣傳的新產品，最後導致昂貴、尷尬又打擊士氣的失敗。大多數公司在做最危險的實驗時，不是用原型去做，而是直接推出產品。

讓我們回到點子流，再講一次公式：

$$點子數量 \div 時間 = 點子流$$

低點子流：安靜的會議室裡，人們目光呆滯，時間一分一秒過去，白板上草草寫著兩個讓人提不起興致的解決方案。高點子流：輕輕鬆鬆，甚至是在歡樂的氣氛下，不斷拋出令人驚喜的

可能性,而且在場的每一個人都全心投入想像、變化和整合的過程中。當水龍頭一開,創意就變成好玩的遊戲,而不是令人害怕的苦差事。相信我們,我們試過,這能讓工作變得空前有趣。

然而,這種事需要練習,才能每次在需要時都進入這種輕鬆的狀態。請不要等遇到危機才開始,無論在順境或逆境都持續使用這些技巧。一段時間後,你會培養出新的心態,以更有效的新方法應對問題。

你無法光讀這本書就成功。如同其他技能,要先掌握指南,接著拋開指南,開發屬於自己的創意做法,接著持之以恆,利用那些技巧,不斷帶來更好的結果。有一天,當你回頭看目前的自己,會納悶當初怎麼會用那些舊方法解決問題。

對我們這些教學者來說,最開心的一刻就是人們終於開竅了。有的管理者性格保守,「一輩子都不是很有創意」,無法明白「額外」做這些工作有什麼價值,但是等努力有了結果,他們走完流程,獲得寶貴的洞見,突然間整個人暢所欲言,拋出成千上萬個可能性。**「看,我做到了!」**然而,除非他們再接再厲,否則改變不會持久。

如果身為領導者的你沒有持之以恆,作為大家的榜樣,那麼團隊和組織裡的其他人不會上行下效。幸好,只需要一點點的定期維護,就能保有強大的創造力。如果你只想做一件事,那就把點子額度練習納入早上的例行公事,從那裡出發。

假設你已經做了功課,那就再次測量你的點子流。拿出紙筆,做第1章的同一個練習,記得要拿相同的練習來比較。從你的收件匣挑一封需要回覆的信,用2分鐘寫下五花八門的信件標

題,盡量能寫多少就寫多少。不要思考、不要停頓、不要評斷、不要修改,盡量用最快的速度寫,正經或搞笑的都可以。只要有任何地方不同,都能算一種標題。專心攻數量就好。

好了之後,現在數一數寫了幾個。你想出多少不同的信件標題?這次的數量跟第一次嘗試比起來如何?我們猜這次數字變多——花多少力氣刺激點子流,就會獲得相對應的結果。無論如何,努力下去就對了。你在創意做法投入的心力愈多,解決其他所有問題時也會更得心應手,因為**每一個**問題都是點子問題。如果你已經知道怎麼化解某樣東西,就能觸類旁通。

知道創意的原理和親身實踐是兩回事,思考和行動是有區別的。別忘了抓住每一個讓工具箱陣容更豐富的機會,衝高你的點子流水位。舉例來說,傑瑞米不曾有午睡的習慣,但是他為本書小睡片刻的好處蒐集到證據後,願意進行實驗。小睡出現在所有關於創意的文獻中,藝術家、科學家、哲學家都會利用睡眠前後的狀態變化,獲得更深刻的洞見。小睡顯然會帶給我們值得注意的事。愛迪生稱自己的躺椅為「思考椅」是有原因的,即便他只是在上面打盹而已。

傑瑞米近期參加大型的工作坊,離他向在場的數百人介紹講者只剩12分鐘了。傑瑞米感到頭腦昏沉,於是設定鬧鐘,準備小睡7分鐘。這樣睡醒後還有5分鐘能打起精神,再次回到大廳。傑瑞米感到這種時候睡覺有點怪,但為什麼不試試看呢?

沒想到,雖然頂多只是入睡了一下下,傑瑞米的腦中突然冒出某個d.school問題的潛在解決方案。傑瑞米心想:「就跟我們寫進書裡的內容一樣。」

傑瑞米在寫這本書的當下，開始固定小睡片刻，還準備可以隨手拿到的便利貼。他下定決心只要想到點子，先寫下來再說。就算快睡著了，或是半夜醒來，也要維持記錄的紀律。

然而，傑瑞米還是會被**誘惑**，寧願放棄偶爾出現的靈感，只想好好睡個覺。

某天晚上，傑瑞米在關燈後的那一秒，想到一個可能解決問題的方法。他的第一個衝動是轉身睡覺，於是沒寫下點子，只在腦中複誦幾遍，覺得這樣早上一定還記得。然而，傑瑞米心虛自己說一套做一套，最後還是摸索了一下，找出筆在哪裡，快速寫下點子。

第二天早上醒來的時候，傑瑞米腦海裡的第一件事，就是那個點子。他得意洋洋地說：「我就**知道**我記得住！或許我不必那麼嚴格地遵守記錄的紀律。」然而接下來，他讀了便利貼上潦草的筆記，居然是**完全不同的點子**。如果傑瑞米沒查一下筆記，他絕對會肯定那是同一個點子。怎麼會這樣！

至於派瑞這邊，寫這本書也讓他更加意識到類比思考的價值。今日的他不再把上喬氏超市（Trader Joe's）買菜當成苦差事，而是機會。派瑞會走進店裡，在牛奶和雞蛋旁尋找類比。從排隊等候到看著水壺等水滾，探索可以昇華任何煩人的事。當派瑞感到心中升起不耐煩的情緒時，他會把那一刻重新視為機會，趁機想一想迫切需要解決的問題，尋找意想不到的連結。

專人負責與創新

　　我們堅信,點子流這種針對任何問題產生新穎解決方案的能力,是21世紀最關鍵的商業指標。根據我們輔導組織的經驗,創新能力與團隊、組織的成功直接相關。因此,領導者應該像監測其他關鍵的績效指標一樣,密切關注點子流。不過,光是觀察創新的管線還不夠。領導者應該投入時間和力氣改善流程、鼓勵正向的行為。創新能夠提升市佔率、利潤和彈性,帶來最大的競爭優勢。

　　一旦強化了自身的創意做法後,接下來要帶進團隊和組織。前文說過,沒人能完全獨立作業,就連公司創辦人、自由工作者或「數位遊牧民族」(digital nomad)也一樣。為了實現更大的目標,你必須培養與他人一起創新的能力,也因此即便你不是團隊或組織的領導者,以下的資訊照樣適用。

　　首先,創新需要有人負起責任。究竟是前景可期的點子,或只是白日夢,差別在於有無持續跟進、聚斂執行。不管討論問題時有多少人在場,一定要指定**一個人**在下次開會前,負責追蹤進度。如果你的團隊沒有這樣的習慣,那就著手建立。

　　手中關於問題的資訊不足時,一群人通常會怎麼做?「我們再開另一次會吧。」然而,沒有新資訊的話,再次討論問題,只會把同樣的對話重複一遍,只不過這次剩的時間又更少。創新因此熄火。

　　今天就打破這個文化習慣。把追蹤放進你的流程,並認真看待。你要不斷重複、強調,才能讓每個人都當成自己份內的

事。每當團隊打算再次討論相同的問題時，先暫停一下，弄清楚你需要哪些數據，然後進行**不一樣**的對話。接下來，指定一個人負責並授權給他，確保能蒐集到那些數據，而且最好是透過真實世界的實驗。

　　各位想必還記得，第10章的快捷半導體拜訪地方上的花店老闆，談到供應鏈的透明度，激發出與經銷伙伴分享資訊的點子。既然蘭花可以，快捷當然也行。當有人提出點子時，你會感到躍躍欲試。每個人都能看出，透明化的點子有可能幫到快捷的小型客戶。問題是，經銷商會同意嗎？少了這項資訊，快捷就無法前進。**哇，看看時間，只剩10分鐘，下一場會議馬上就要開始了**。在有人打破緊張的氣氛，把討論延到下一次之前，營運長烏拉爾（Vijay Ullal）介入了：

　　「誰來跟進這件事？」

　　烏拉爾指派一個人聯絡快捷的經銷商，詢問他們是否願意分享資訊。接下來，烏拉爾讓每個人在行事曆上安排好追蹤會議，專門討論這件事情，大家一起檢視接洽經銷商後的結果。開會時，問題負責人向大家報告最新情形：「我寫信給十家經銷商。有五家同意，另外五家有以下三點疑慮。」好，這下子有新東西可以討論了：快捷必須解決不願意的廠商的疑慮。在負責人的引導下，點子變成一場實驗，接著這場實驗又演變成新的公司流程，大幅改善快捷的小型客戶體驗，解決了最初的問題。

　　快捷的營運長沒讓點子自生自滅。他當場就分配責任，排好下一次的里程碑。與他人一同進行創造時，這是關鍵的紀律。每個問題都需要負責人，負責人必須和相關人士溝通好計畫。需

要採取哪些步驟？要測試哪些事？我們什麼時候要檢視結果，並決定接下來該怎麼做？如果你不和決策者一起檢視結果，那麼實驗就毫無用處，正如同太多半吊子的創新一樣。

　　永遠記得特別留出時間追蹤後續的結果。你必須讓每一個相關人士都參與，才有辦法推動事情。此外，不要把那種會議排在太遙遠的未來。先判斷至少會需要什麼資訊，才能踏出最小的下一步，接著確定要取得那筆資訊的話，每位負責人將需要多少時間。

　　當你指定某個人負責時，你必須主動從他們原本的工作中拿掉相對應的工作量。嘗試新事物很困難，其所耗費的精力和時間會比平常的工作多很多。在會議結束前，也要決定好負責人可停下手邊的哪些工作，或是轉交給其他人去做。同樣的，一定要給負責人必要的授權和資源來推動專案。你不該讓他們還得再找相關人士開會、取得對方同意，才能做你交代他們做的事。

　　亞馬遜把這個原則發揮到極致：「單線領導者」（single-threaded leader）必須「百分之百專注於負責」推動單一個解決方案。「讓策略方案失敗的最佳方法，就是讓某個人兼職去做那件事。」亞馬遜雲端運算服務（Amazon Web Services）的企業策略師戈登（Tom Godden）寫道，「然而，企業似乎偏好那樣做事。資訊長宣布這次的計劃很關鍵，但沒授權任何人去實踐，每個人都以為會是別人負責。這就是單線領導者能發揮作用之處。」[1] 你的職權或許沒大到能自由指派員工，要他們把全部的心力放在某個問題上，但你必須提供一定的空間和時間，讓他們有可能朝著解決方案前進。

結語　與他人共同創新　　285

聯盛集團的創新長席姆斯（Jasna Sims）制定「探索時間」，以正式的管道讓員工能專心推動點子。如果你的組織沒有類似的機制，請趕快制定一個。嘗試需要時間，如果人們沒時間，你就不會有所突破，未來便岌岌可危。

創意領導者

愈早介入專案，對結果產生的影響也愈大。這個道理聽起來很明顯，對吧？然而在大部份的組織，只有在做出許多重要的決策之後，主管才會開始介入。如果你的公司也是這種情況，今天就改變，讓主管盡早加入創新的流程。

也就是說，公司必須常態性地分享半成品與半成型的點子——請回想一下皮克斯的每日例會。如果你要求員工必須端出已經完美的成品，那麼在你能提出最有效的建議之前，你永遠看不到任何東西。

如果你是團隊或組織的領導者，有效的創新需要你回答以下問題：

1. **你的團隊或組織是否設有創新指標？**你們是否追蹤新點子成為產品、服務、解決方案的速度？是否依據指標給予獎勵與鼓勵？假如沒有替需要冒險的創意活動設定指標，等同是在暗示員工，公司重視創新的程度，並不及銷售或客服等其他核心職能。
2. **你是否親身示範創意行為？**你是否堅持定期做創意練習？

你在產生輸出之前,是否先尋求輸入?你是否堅持先想出大量點子,**接著才**透過實驗加以篩選?你提倡的事,自己也要做到,否則人們不會跟著做。

3. **你的商業策略是否歡迎新點子,甚至把點子視為不可或缺?** 如果你根本沒在戰略層面上承認需要新點子,你只能等著過氣被淘汰。

4. **你是否創造空間,讓大家能以不一樣的方式工作,並踏出平日的業務範圍探索點子?** 每位員工都能拿出一定比例的時間和力氣來進行探索和實驗嗎?公司利用哪些機制,確保員工不會因為疲於應付今日的工作量,而無法想出明日的點子?

5. **參與失敗的創新會對人們的職涯加分或扣分?**「我們努力讓X成為可以安心失敗的園地。」[2]泰勒（Astro Teller）帶領Google母公司Alphabet的研發部門X,他在TED演講上解釋,「一旦證據擺在桌上,我們的團隊就會砍掉點子,他們會因此獲得獎勵、獲得同事的掌聲。主管會擁抱他們、舉手擊掌,尤其是我。我們的同仁會因為勇於嘗試而獲得升遷。我們給每個終止專案的團隊成員都發獎金。」泰勒這麼做是為了告訴X的每一個人:如果創新實驗室的失敗被視為個人的失敗,那就不必期待會有什麼創新。如果大膽嘗試導致的失敗帶來了**更多探索的機會**,創新就會一飛沖天。你是否有讚揚失敗的流程?

6. **人們是否會向你要答案?** 你身為領導者的職責是賦權,讓人們自行找答案。你要釋出**看待事物的角度**,不讓員工做

結語 與他人共同創新　287

起事來綁手綁腳，而是變成他們背後的助力。你要引導人們的做法，但是讓他們自行找出解決方案。

在米其林，白昊從一開始就試圖把創新定義為「公司營運所需的另一塊肌肉」。創新需要投入時間、金錢和精力，白昊認為那樣的投資是值得的。事實勝於雄辯，透過可負擔的損失來降低風險，最能證實投資的有效性。米其林期待顧客創新實驗室，能讓公司從今天的現狀走向明日的目標。

羅技執行長達瑞爾遵守簡單的「種子／株苗／大樹」框架（seeds/plants/trees framework），以確保公司永遠保持成長，而公司多年來也一直以驚人的速度發展。種子是指公司正在探索的新趨勢和機會；株苗是指公司積極培養的新事業；大樹則是指成熟的事業。達瑞爾剛開始這麼做的時候，他每次都會撒下十多顆種子，每顆種子的負責人直接向他匯報。隨著公司不斷成長，達瑞爾開始允許種子改成向事業單位的主管報告。這些主管的挑戰是，除了自己的核心任務之外，還得適度助種子一臂之力。「到目前為止，」達瑞爾表示，「他們做得很好。」在創新與執行之間取得平衡並不容易，但有哪件值得做的事不是這樣呢？

「大多數種子都失敗了。」達瑞爾表示，「但在我放棄之前，它們不會消失。」同樣的，達瑞爾也一定會「定期修剪樹木」。確定要修剪時，達瑞爾會透過發給員工獎金來慶祝失敗，並讓他們晉升到其他的種子、株苗或大樹。達瑞爾告訴我們：「我們永遠不想讓人們在想到種子時，聯想到這件事會限制職涯發展。」

※ ※ ※

每當我們向團體介紹新技巧時，總會有人說：「我一直都是這麼做，但都不知道要怎麼跟別人解釋，只能用在自己身上。」你費盡脣舌，在同儕面前說來說去，全是差不多這幾句話：「大家相信我，雖然感覺很傻，但只要這樣做，就會更有創意。」如果你向同事介紹技巧時，在組織內部遇上這樣的阻力，希望這本書能幫上忙，透過研究和範例解釋你的創意做法背後的機制。在許多時候，人們會拒絕採納創意做法——直到他們看見由我們兩位學者寫的書。看，就是這樣！不客氣。

即便我們以史丹佛大學教授的身分鼓勵大家採納創意技巧，但仍遭遇各種拒絕的藉口。你可能以為，那是因為我們要大家一起出資找間度假別墅好好發想，但我們談的其實只是隨身攜帶筆記本、每天寫下幾個點子這類簡單的事。雖然有時搬出學術權威或舉出故事例證，人們還是不買帳，但通常提出一些統計數據或公開發表的論文，就能奏效。你真正需要做的，是讓人們嘗試一次看看，結果的說服力將大過任何正式的研究。你可以利用這本書鼓勵其他人試試看。

不論你怎麼做，目標並非記住一堆與創意有關的事實，而是加強你的創造力。也就是說，你除了要知道相關的技巧，也要了解如何診斷創意僵局，再從工具箱中挑出合適的工具。現在該發散還是聚斂？目前要尋找更好的解決方案，還是應該先找出更好的問題？透過練習後，創造力就會有所增長，所以要持續努力。一段時間後，你將能每次都找到正確的工具。

創意在每個人的大腦裡，都以差不多的方式運作。然而，如果沒有為每位學生提供的正式創意課程，每個人都只能憑著直覺，在試錯的過程中找到解決問題的方法。有的方法可行、有的不可行，很難事先知道究竟如何。我們希望本書提供了一套合理又好記的架構，除了證實你偏好的方法有用，同時也為你的武器庫添加一些火力強大的新技巧。等下次又有新問題冒出來讓你忐忑不安時，你會記得一件很重要的事：你完全知道此時需要的，正是大量的點子，而你也清楚要去哪裡找。

如果你感到這本書有價值，請與朋友、同儕、同事，甚至是競爭對手分享。創意能讓我們每個人發揮自己最好的一面，把這個世界變得更美好；創造是一個奇妙的過程，與他人合作的效果最好。在你和大家一起取得突破性創意成果的過程中，若能對創新擁有共同的語言，將使彼此的溝通和協調變得更加容易。讓我們開始動起來吧！

致謝

要是沒有一整群人的協助,這樣的一本書永遠不可能問世。要不是因為有傑出的作家經紀人Lynn Johnston,我們根本不會展開寫書計劃。Lynn熟練地帶領我們走過作家之旅,一路上讓我們少走無數小時的冤枉路。我們在Portfolio出版社的編輯Merry Sun,永遠讓我們在風暴中保持冷靜;每次互動時,她想做出好書的決心都讓我們感動。我們的協作者David Moldawer輕車熟路,協助我們把五花八門的經驗,放進有條理的架構。我們兩人衷心感謝這三位人士。

在此感謝浦利海的韋德林與索恩。兩人的實踐智慧和行動導向心態,在每次的新合作中啟發我們。我們也要感謝李伯特親切地邀我們踏上多趟冒險旅程;他的謙遜態度一直令人印象深刻。在此感謝霍普蘭梅齊,他是值得追隨的領導者,持續提醒我們目標和同理心的重要性。謝謝永遠瞄準遠大目標的白昊。感謝Mike Ajou,與你的討論把我們的思考帶到新的方向。感謝Tsuney Yanagihara與Julie Ragland大膽做出不容易的決定。

我們還要在此感謝d.school的合作伙伴:Deb Stern的親切忠告,協助我們航向未知的海域。謝謝Carissa Carter支持設計做法的演變。謝謝Sarah Stein Greenberg用智慧帶領d.school。Scott Doorley由裡到外都是設計的化身。Kathryn Segovia博士是

設計思考者與教師的典範。帕切寇是校友兼合作者，也是傑瑞米對上派瑞的常年網球搭檔。感謝 Bernie Roth 總是提供智慧、帶來好玩的合作。大衛・凱利對於寫書的堅持最後讓我們改觀。謝謝蘇頓，他人太好，共同擔保我們許多不成熟的方案。此外也要謝謝 Huggy Rao 永遠都有完美的軼事。

在此感謝這些年來，我們共事過的所有傑出教練與合作伙伴：Parker Gates、Anna Love、Logan Deans、LaToya Jordan、Josh Ruff、Saul Gurdus、Jess Kessin、Anja Nabergoj、Trudy Ngo-Brown、Scott Sanchez、Yusuke Miyashita、Scott Zimmer、Kelly Garrett Zeigler、Susie Wise、Adam Weiler、Whitney Burks、Kirk Eklund、Marcus Hollinger、Katherine Cobb、Jess Nickerson、Patrick Beauduoin、Neal Boyer、Daniel Frumhoff、Sarah Holcomb、Tom Maiorana、Vida Mia Garcia。

謝謝我們的出版人 Adrian Zackheim 與 Portfolio 的優秀團隊，感謝他們付出的努力、熱忱與專業：Niki Papadopoulos、Stefanie Brody、Veronica Velasco、Jessica Regione、Chelsea Cohen、Madeline Rohlin、Meighan Cavanaugh、Tom Dussel、Emilie Mills、Margot Stamas、Heather Faulls。在此特別感謝 Jen Heuer 替我們設計出精采的封面，以及 Alexis Farabaugh 精簡的內文編排。設計很重要！

謝謝凱夫亨瑞克通訊（Cave Henricks Communications）的 Barbara Henricks、Megan Wilson、Nina Nocciolino 協助我們分享訊息。

最後還要感謝多位傑出的領導者、從業人員與合作伙伴，

他們直接或間接影響了本書：Andy Tan、Philippe Barreaud、Claudia Kotchka、Natalie Slessor、Jesper Kløve、Bracken Darrell、Lorraine Sarayeldin、Natalie Mathieson、Chris Aho、Linda Yates, Jacob Liebert、Lisa Yokana、Don Buckley、Andrew Tomasik、Charles Moore、Gabriela Gonzalez-Stubbe、Nobuyuki Baba、Bill Gibson、Ehrika Gladden、Brad van Dam、Casey Harlin、Dan Klein、Daniel Lewis、Nik Reed、Erica Walsh、Greg Becker、Jasna Sims、Jay Utley、John Keller、Jon Beekman、Jooyeong Song、Ken Pucker、Kevin Mayer、Laura D'Asaro、Leticia Britos Cavagnaro、Linda Hill、Lisa Montgomery、Meghan Doyle、Miri Buckland、Ellie Buckingham、Reedah El-Saie、Tetsuya Ohara、Vijay Ullal、Wolfgang Ebel。

　　傑瑞米要特別感謝總是能帶給他啟發的家人：Michelle、Evie、Zelynn、Corrie、Frances，我很幸運屬於你們！也要感謝爸爸、媽媽、Zacko、Rae-dio、Omayra、JP，以及原創Z（the original Z）與他的另一半——感謝你們忍受我胡來。也要感謝我在NCCF的教會家人，尤其是Bobby McDonald、Sandeep Poonen、Zac Poonen，謝謝你們持續提醒我真正重要的事，「當求在上面的事，仰望耶穌」。

　　派瑞要感謝Annie在本書的寫作過程中，提供堅定不移的愛與支持。此外，他永遠感謝Parker與Phoebe讓他成為父親，也感謝兩人永遠問個不停。

參考資料

卷首語

1. Marc Randolph, *That Will Never Work: The Birth of Netflix and the Amazing Life of an Idea* (New York: Little, Brown, 2019).

前言

1. Jeff Bezos, *Invent and Wander: The Collected Writings of Jeff Bezos* (Boston: Harvard Business Press, 2020).
2. Tim Appelo, "How a Calligraphy Pen Rewrote Steve Jobs' Life," *Hollywood Reporter* (blog), October 14, 2011, https://www.hollywoodreporter.com/business/digital/steve-jobs-death-apple-calligraphy-248900/.

第1章

1. Victor Hugo, *The History of a Crime* (Tavistock, UK: Moorside Press, 2013).
2. Brad Stone, *The Everything Store: Jeff Bezos and the Age of Amazon* (New York: Back Bay Books, 2014).
3. Arnaldo Camuffo, Alessandro Cordova, Alfonso Gambardella, and Chiara Spina, "A Scientific Approach to Entrepreneurial Decision-Making: Evidence from a Randomized Control Trial," *Management Science* 66, no. 2 (February 2020): 564–86, https://doi.org/10.1287/mnsc.2018.3249.
4. Amy C. Edmondson, "Strategies for Learning from Failure," *Harvard Business Review*, April 2011, https://hbr.org/2011/04/strategies-for-learning-from-failure.
5. Nicholas Bloom et al., "Are Ideas Getting Harder to Find?," *American Economic Review* 110, no. 4 (April 2020): 1104–44, https://doi.org/10.1257/aer.20180338.

第2章

1. Maria Popova, "How Steinbeck Used the Diary as a Tool of Discipline,

a Hedge Against Self--Doubt, and a Pacemaker for the Heartbeat of Creative Work," *Brain Pickings* (blog), March 2, 2015, www.brainpickings.org/2015/03/02/john-steinbeck-working-days/.

2. Alan William Raitt, *Gustavus Flaubertus Bourgeoisophobus: Flaubert and the Bourgeois Mentality* (New York: P. Lang, 2005).

3. Paula Alhola and Päivi Polo-Kantola, "Sleep Deprivation: Impact on Cognitive Performance," *Neuropsychiatric Disease and Treatment* 3, no. 5 (October 2007): 553–67.

4. Alli N. McCoy and Yong Siang Tan, "Otto Loewi (1873–1961): Dreamer and Nobel Laureate," *Singapore Medical Jour*nal 55, no. 1 (January 2014): 3–4, https://doi.org/10.11622/smedj.2014002.

5. Ut Na Sio, Padraic Monaghan, and Tom Ormerod, "Sleep on It, but Only if It Is Difficult: Effects of Sleep on Problem Solving," *Memory & Cognition* 41, no. 2 (February 2013): 159–66, https://doi.org/10.3758/s13421-012-0256-7.

6. Alhola and Polo-Kantola, "Sleep Deprivation."

7. Franziska Green, "In the 'Creative' Zone: An Interview with Dr. Charles Limb," *Brain World* (blog), August 22, 2019, https://brainworldmagazine.com/creative-zone-interview-dr-charles-limb/.

8. Gabriel A. Radvansky, Sabine A. Krawietz, and Andrea K. Tamplin, "Walking Through Doorways Causes Forgetting: Further Explorations," *Quarterly Journal of Experimental Psychology* 64, no. 8 (August 1, 2011): 1632–45, https://doi.org/10.1080/17470218.2011.571267.

9. Mason Currey, ed., *Daily Rituals: How Artists Work* (New York: Knopf, 2013).

10. David Lynch, *Catching the Big Fish: Meditation, Consciousness, and Creativity*, 10th anniversary ed. (New York: TarcherPerigee, 2016).

11. Diane Coutu, "Ideas as Art," *Harvard Business Review*, October 1, 2006, https://hbr.org/2006/10/ideas-as-art.

第3章

1. Kevin Kelly, "99 Additional Bits of Unsolicited Advice," *The Technium* (blog), April 19, 2021, https://kk.org/thetechnium/99-additional-bits-of-unsolicited-advice/.

2. Michael Diehl and Wolfgang Stroebe, "Productivity Loss in Brainstorming Groups: Toward the Solution of a Riddle," *Journal of Personality and Social Psychology* 53 (September 1, 1987): 497–509, https://doi.org/10.1037/0022-3514.53.3.497.

3. Runa Korde and Paul B. Paulus, "Alternating Individual and Group

Idea Generation: Finding the Elusive Synergy," *Journal of Experimental Social Psychology* 70 (May 1, 2017): 177–90, https://doi.org/10.1016/j.jesp.2016.11.002.

4. A. W. Kruglanski and D. M. Webster, "Motivated Closing of the Mind: 'Seizing' and 'Freezing,'" *Psychological Review* 103, no. 2 (April 1996): 263–83, https://doi.org/10.1037/0033-295x.103.2.263.

5. Dean Keith Simonton, "Creative Productivity: A Predictive and Explanatory Model of Career Trajectories and Landmarks," *Psychological Review* 104, no. 1 (1997): 66–89, https://doi.org/10.1037/0033-295X.104.1.66.

6. Robert I. Sutton, *Weird Ideas That Work: 11½ Practices for Promoting, Managing, and Sustaining Innovation*, illustrated ed. (New York: Free Press, 2002).

7. J. Bennett, "Behind the Scenes in Taco Bell's Insane Food Development Lab," *Thrillist*, March 2, 2017, www.thrillist.com/eat/nation/taco-bell-insane-food-development-lab.

8. Madison Malone-Kircher, "James Dyson on the 5,126 Vacuums That Didn't Work and the One That Finally Did," The Vindicated (blog), November 26, 2016, https://nymag.com/vindicated/2016/11/james-dyson-on-5-126-vacuums-that-didnt-work-and-1-that-did.html.

9. Frank Lewis Dyer and Thomas Commerford Martin, *Edison: His Life and Inventions* (original pub: New York: Harper & Brothers, 1910; Frankfurt: Outlook, 2019), 368.

10. Brian J. Lucas and Loran F. Nordgren, "The Creative Cliff Illusion," *Proceedings of the National Academy of Sciences* 117, no. 33 (August 18, 2020):19830–36, https://doi.org/10.1073/pnas.2005620117.

11. Amos Tversky and Daniel Kahneman, "Judgment under Uncertainty: Heuristics and Biases," *Science* 185, no. 4157 (1974): 1124–31, https://doi.org/10.1126/science.185.4157.1124.

12. Justin Berg, "The Primal Mark: How the Beginning Shapes the End in the Development of Creative Ideas," *Organizational Behavior and Human Decision Processes* 125 (September 2014): 1–17, www.sciencedirect.com/science/article/pii/ S0749597814000478.

13. Merim Bilalić, Peter McLeod, and Fernand Gobet, "Why Good Thoughts Block Better Ones: The Mechanism of the Pernicious Einstellung (Set) Effect," *Cognition* 108, no. 3 (September 2008): 652–61, https://doi.org/10.1016/j.cognition.2008.05.005.

第4章

1. Richard Feynman, *The Character of Physical Law*, with new foreword

(Cambridge, MA, and London: MIT Press, 2017).

2. Laura Sky Brown, "GM's Car-Sharing Service, Maven, Shuts Down After Four Years," *Car and Driver*, April 22, 2020, www.caranddriver.com/news/a32235218/gm-maven-car-sharing-closes/.

3. Justin M. Berg, "When Silver Is Gold: Forecasting the Potential Creativity of Initial Ideas," *Organizational Behavior and Human Decision Processes* 154 (September 2019): 96–117, https://doi.org/10.1016/j.obhdp.2019.08.004.

4. Tim Ferriss, "Sir James Dyson— Founder of Dyson and Master Inventor on How to Turn the Mundane into Magic," September 2, 2021, in *The Tim Ferriss Show* (podcast), 1:35:57, https://tim.blog/2021/09/02/james- dyson.

5. Zachary Crockett, "The Secretary Who Turned Liquid Paper into a Multimillion-Dollar Business," *The Hustle*, April 23, 2021, https://thehustle.co/the-secretary-who-turned-liquid-paper-into-a-multimillion-dollar-business.

第5章

1. Corita Kent and Jan Steward, *Learning by Heart*, 2nd ed. (New York: Allworth Press, 2008).

2. Michael Leatherbee and Riitta Katila, "The Lean Startup Method: Early-Stage Teams and Hypothesis- Based Probing of Business Ideas," *Strategic Entrepreneurship Journal* 14, no. 4 (December 2020): 570– 93, https://doi.org/10.1002/sej.1373.

3. Tom Wujec, "Build a Tower, Build a Team," February 2010, TED2010, Long Beach, CA, TED video, 6:35, www.ted.com/talks/tom_wujec_build_ a_tower_ build_ a_ team/transcript.

4. Phil Knight, Shoe Dog: *A Memoir by the Creator of Nike* (New York: Scribner, 2016).

5. Nathan Chan, "How Henrik Werdelin Built a 9-Figure Subscription Box Business for Dogs," June 9, 2020, in *Foundr* (podcast), 1:05:37, https://foundr.com/articles/podcast/henrik-werdelin-barkbox.

第6章

1. Robert Grudin, *The Grace of Great Things: Creativity and Innovation* (Boston: Mariner Books, 1991).

2. *2021 Alzheimer's Disease Facts and Figures* (Chicago: Alzheimer's Association, 2021), 18–19, www.alz.org/media/documents/alzheimers-facts-and-figures.pdf.

3. "Peloton: Child Killed in 'Tragic' Treadmill Accident," BBC News, March 18, 2021, www.bbc.com/news/business-56451430.

第7章

1. Oliver Wendell Holmes, *The Poet at the Breakfast-Table* (Boston: James R. Osgood and Company, 1872).
2. David Rock and Heidi Grant, "Why Diverse Teams Are Smarter," *Harvard Business Review*, November 4, 2016, https://hbr.org/2016/11/why-diverse-teams-are-smarter.
3. Ashton B. Carter, *Managing Nuclear Operations* (Washington, D.C.: Brookings Institution, 1987).
4. Ellen McGirt, "How Nike's CEO Shook Up the Shoe Industry," *Fast Company*, September 1, 2010, www.fastcompany.com/1676902/how-nikes-ceo-shook-shoe-industry.
5. Clayton M. Christensen, Scott Cook, and Taddy Hall, "Marketing Malpractice: The Cause and the Cure," *Harvard Business Review*, December 1, 2005, https://hbr.org/2005/12/marketing-malpractice-the-cause-and-the-cure.
6. Helmuth Graf von Moltke, *Moltkes militärische Werke: Die Thätigkeit als Chef des Generalstabes der Armee im Frieden* (Hamburg: E. S. Mittler, 1900).
7. Martin Ruef, "Strong Ties, Weak Ties and Islands: Structural and Cultural Predictors of Organizational Innovation," *Industrial and Corporate Change* 11 (June 1, 2002): 427–49, https://doi.org/10.1093/icc/11.3.427.
8. Richard P. Feynman, *"Surely You're Joking, Mr. Feynman!": Adventures of a Curious Character* (New York, London: W. W. Norton, 1997).
9. Jon Gertner, *The Idea Factory: Bell Labs and the Great Age of American Innovation* (New York: Penguin Books, 2012).
10. James W. Cortada, "Building the System/360 Mainframe Nearly Destroyed IBM," *IEEE Spectrum*, April 5, 2019, https://spectrum.ieee.org/building-the-system360-mainframe-nearly-destroyed-ibm.
11. Ben R. Rich, *Skunk Works: A Personal Memoir of My Years at Lockheed* (New York: Little, Brown, 1996).
12. Kevin Dunbar, "How Scientists Think: On- line Creativity and Conceptual Change in Science," in *The Nature of Insight*, ed. Robert J. Sternberg and Janet E. Davidson (Boston: MIT Press, 1997), 461.
13. Gertner, *Idea Factory*.
14. Ed Catmull and Amy Wallace, *Creativity, Inc.: Overcoming the Unseen Forces That Stand in the Way of True Inspiration* (New York: Random House, 2014).

第8章

1. Isaac Asimov, "Isaac Asimov Asks, 'How Do People Get New Ideas?': A 1959 Essay by Isaac Asimov on Creativity," *MIT Technology Review*, October 20, 2014, www.technologyreview.com/2014/10/20/169899/isaac-asimov-asks-how-do-people-get-new-ideas.
2. Christopher Chabris and Daniel Simons, *The Invisible Gorilla: How Our Intuitions Deceive Us* (New York: Harmony, 2011).
3. Taiichi Ohno, "Ask 'Why' Five Times About Every Matter," Toyota Myanmar, March 2006, www.toyota-myanmar.com/about-toyota/toyota-traditions/quality/ask-why-five-times-about-every-matter.
4. Ed Catmull and Amy Wallace, *Creativity, Inc.: Overcoming the Unseen Forces That Stand in the Way of True Inspiration* (New York: Random House, 2014).
5. Jennifer L. Roberts, "The Power of Patience," *Harvard Magazine*, October 15, 2013, www.harvardmagazine.com/2013/11/the-power-of-patience.

第9章

1. John Dewey, *Logic: The Theory of Inquiry* (New York: Henry Holt, 1938).
2. Corita Kent and Jan Steward, *Learning by Heart* (New York: Allworth Press, 2008).
3. Joe Fig, *Inside the Painter's Studio* (Princeton, NJ: Princeton Architectural Press, 2012).
4. MasterClass, "Dare to Suck," January 9, 2020, Facebook video, 1:04, www.facebook.com/watch/?v=2544715345762983.
5. Jennifer George, ed., *The Art of Rube Goldberg: (A) Inventive (B) Cartoon (C) Genius* (New York: Harry N. Abrams, 2013).
6. Gabrielle S. Adams, Benjamin A. Converse, Andrew H. Hales, and Leidy E. Klotz, "People Systematically Overlook Subtractive Changes," *Nature* 592 (2021): 258–61, https://doi.org/10.1038/s41586-021-03380-y.
7. Nature Video, "Less Is More: Why Our Brains Struggle to Subtract," April 7, 2021, YouTube video, 6:19, https://www.youtube.com/watch?v=1y32OpI2_LM.
8. Nolan Bushnell and Gene Stone, *Finding the Next Steve Jobs: How to Find, Keep, and Nurture Talent* (New York: Simon & Schuster, 2013).

第10章

1. Morten Friis-Olivarius, "Stimulating the Creative Brain," June 20,

2018, TEDxOslo, Oslo, YouTube video, 14:00, www.youtube.com/watch?v=hZCcVk8-RVQ.
2. Arthur Koestler, *The Act of Creation* (London: Hutchinson, 1964).
3. *Inspirations*, directed by Michael Apted (Clear Blue Sky Productions, 1997), 1:36.
4. Robert S. Root-Bernstein, Maurine Bernstein, and Helen Garnier, "Correlations Between Avocations, Scientific Style, Work Habits, and Professional Impact of Scientists," *Creativity Research Journal* 8, no. 2 (April 1, 1995): 115–37, https://doi.org/10.1207/s15326934crj0802_2.
5. Marily Oppezzo and Daniel L. Schwartz, "Give Your Ideas Some Legs: The Positive Effect of Walking on Creative Thinking," *Journal of Experimental Psychology: Learning, Memory, and Cognition* 40, no. 4 (2014): 1142–52, https://doi.org/10.1037/a0036577.
6. Walter Isaacson, *Steve Jobs* (New York: Simon & Schuster, 2021).
7. Edward de Bono, Lateral Thinking: Creativity Step by Step (New York: HarperCollins, 2010).
8. Chip Bayers, "The Inner Jeff Bezos," *Wired*, March 1, 1999, www.wired.com/1999/03/bezos-3/.

第11章

1. David Ogilvy, *Confessions of an Advertising Man* (1963; repr., Harpenden, UK: Southbank, 2013).
2. James Webb Young, *A Technique for Producing Idea*s (Victoria, BC: Must Have Books, 2021).
3. Walter Isaacson, *Einstein: His Life and Universe* (New York: Simon & Schuster, 2008).
4. Mason Currey, *Daily Rituals: Women at Work* (New York: Knopf, 2019).
5. Dean Keith Simonton, *Origins of Genius: Darwinian Perspectives on Creativity* (Oxford: Oxford University Press, 1999).
6. Howard E. Gruber, "The Evolving Systems Approach to Creative Work," *Creativity Research Journal* 1, no. 1 (December 1988): 27–51, https://doi.org/10.1080/10400418809534285.
7. Greg Bernhardt, "Interview with Theoretical Physicist Garrett Lisi," *Physics Forums Insights* (blog), March 12, 2016, www.physicsforums.com/insights/interview-theoretical-physicist-garrett-lisi/.
8. Steven Johnson, "Dan Pink Has a Folder for That Idea," *Medium* (blog), January 31, 2018, https://medium.com/s/workflow/dan-pink-has-a-folder-for-

that-idea-84252c35ddb.

9. Benjamin Baird et al., "Inspired by Distraction: Mind Wandering Facilitates Creative Incubation," *Psychological Science* 23, no. 10 (October 2012): 1117–22, https://doi.org/10.1177/0956797612446024.

10. Jon Gertner, *The Idea Factory: Bell Labs and the Great Age of American Innovation* (New York: Penguin Books, 2012).

11. Amanda Gardner, " 'Power Naps' May Boost Right-Brain Activity," CNN Health, October 17, 2012, www.cnn.com/2012/10/17/health/health-naps-brain/index.html.

12. Hiuyan Lau, Sara E. Alger, and William Fishbein, "Relational Memory: A Daytime Nap Facilitates the Abstraction of General Concepts," *PLOS ONE* 6, no. 11 (November 16, 2011): e27139, https://doi.org/10.1371/journal.pone.0027139.

13. "Might Lefties and Righties Benefit Differently from a Power Nap?," *Georgetown University Medical Center* (blog), December 11, 2013, https://gumc.georgetown.edu/news-release/people-who-like-to-nap/.

14. Brian Grazer and Charles Fishman, *A Curious Mind: The Secret to a Bigger Life* (New York: Simon & Schuster, 2016).

15. Tim Ferriss, "Joyce Carol Oates—A Writing Icon on Creative Process and Creative Living," February 10, 2021, in *The Tim Ferriss Show* (podcast), 1:13:00, https://podcasts.apple.com/us/podcast/497-joyce-carol-oates-writing-icon-on-creative-process/id863897795? i= 1000508500903.

16. "Paul Simon on His Writing Process for 'Bridge over Troubled Water,' " *The Dick Cavett Show*, uploaded January 27, 2020, YouTube video, 10:45, www.youtube.com/watch?v= qFt0cP-klQI&t=143s, originally aired April 9, 1970, *The Dick Cavett Show*.

結語

1. Tom Godden, "Two-Pizza Teams Are Just the Start, Part 2: Accountability and Empowerment Are Key to High-Performing Agile Organizations," *AWS Cloud Enterprise Strategy* (blog), March 18, 2021, https://aws.amazon.com/blogs/enterprise-strategy/two-pizza-teams-are-just- the-start-accountability-and-empowerment-are-key-to-high-performing- agile-organizations-part-2/.

2. Astro Teller, "The Unexpected Benefit of Celebrating Failure," TED2016, February 2016, Vancouver, TED video, 15:24, www.ted.com/talks/astro_teller_the_unexpected_benefit_of_celebrating_failure.

國家圖書館出版品預行編目（CIP）資料

點子流：史丹佛設計學院高效問題解策略，在持續破壞性創新時代，穩定勝出／傑瑞米・奧特利（Jeremy Utley），派瑞・克萊本（Perry Klebahn）著；許恬寧譯. -- 第一版. -- 臺北市：天下雜誌股份有限公司, 2025.03
304 面 ; 14.8×21 公分. --（天下財經 ; 523）
譯自：Ideaflow : the only business metric that matters.
ISBN 978-626-7468-64-7（平裝）

1. CST：企業經營 2. CST：創意 3. CST：創造力
4. CST：創造性思考

494.1   113016328

天下財經 523

點子流
史丹佛設計學院高效問題解策略，在持續破壞性創新時代，穩定勝出
Ideaflow: The Only Business Metrics That Matters

作　　者／傑瑞米・奧特利（Jeremy Utley）、派瑞・克萊本（Perry Klebahn）
譯　　者／許恬寧
封面設計／兒日設計
內頁排版／邱介惠
責任編輯／許玉意（特約）、王惠民

天下雜誌群創辦人／殷允芃
天下雜誌董事長／吳迎春
出版部總編輯／吳韻儀
出　版　者／天下雜誌股份有限公司
地　　址／台北市 104 南京東路二段 139 號 11 樓
讀者服務／（02）2662-0332　傳真／（02）2662-6048
天下雜誌GROUP網址／ http://www.cw.com.tw
劃撥帳號／01895001天下雜誌股份有限公司
法律顧問／台英國際商務法律事務所・羅明通律師
製版印刷／中原造像股份有限公司
總　經　銷／大和圖書有限公司　電話／（02）8990-2588
出版日期／2025 年 3 月 5 日第一版第一次印行
定　　價／450 元

Copyright © 2022 by Jeremy Utley and Perry Klebahn
Foreword copyright © 2022 by David M. Kelley
All rights reserved including the right of reproduction in whole or in part in any form.
This edition published by arrangement with Portfolio, an imprint of Penguin Publishing Group, a division of Penguin Random House LLC through Andrew Nurnberg Associates International Limited.
Complex Chinese copyright © 2025 by CommonWealth Magazine Co., Ltd.
All rights reserved.

書號：BCCF0523P
ISBN：978-626-7468-64-7（平裝）

直營門市書香花園　地址／台北市建國北路二段6巷11號　電話／02-2506-1635
天下網路書店　shop.cwbook.com.tw　電話／02-2662-0332　傳真／02-2662-6048
本書如有缺頁、破損、裝訂錯誤，請寄回本公司調換